"十三五"高职高专规划教材

基础应用化学

主 编　李　静　徐苏利　罗崇敏

副主编　陈　玲

编　委　向　川　张红燕

U0256138

电子工业出版社
Publishing House of Electronics Industry
北京·BEIJING

内 容 简 介

本书共十一章，分为四大部分。前三部分为理论部分，分别为无机化学基础知识、分析化学基础知识及有机化学基础知识，其内容包括元素及其化合物，分散系，分析化学概述，滴定分析法，酸碱滴定法，其他常见滴定法，吸光光度法，烃，烃的衍生物，杂环化合物和生物碱，糖、脂和蛋白质；第四部分为实验部分，包括十七个实验，主要内容为化学实验规则与基本操作、溶液的配制技术、利用滴定分析和比色分析进行某些物质的定量、定性测定有机化合物性质等实验。

本书在表述上深入浅出，注重与实践的联系。可供高职高专院校畜牧兽医类、农林类、食品药品类等相关专业的学生使用，也可供其他相近专业的教师和学生参考。

图书在版编目(CIP)数据

基础应用化学 / 李静，徐苏利，罗崇敏主编. —北京：电子工业出版社，2018.8

ISBN 978-7-121-34589-0

Ⅰ. ①基… Ⅱ. ①李… ②徐… ③罗… Ⅲ. ①应用化学 Ⅳ. ①O69

中国版本图书馆 CIP 数据核字(2018)第 137800 号

策划编辑：祁玉芹

责任编辑：祁玉芹

文字编辑：刘御廷

印　　刷：中国电影出版社印刷厂

装　　订：中国电影出版社印刷厂

出版发行：电子工业出版社

　　　　　北京市海淀区万寿路 173 信箱　邮编：100036

开　　本：787×1092　1/16　印张：14.5　字数：352 千字

版　　次：2018 年 8 月第 1 版

印　　次：2022 年 9 月第 4 次印刷

定　　价：45.00 元

凡所购买电子工业出版社图书有缺损问题,请向购买书店调换。若书店售缺,请与本社发行部联系,联系及邮购电话:(010)88254888,88258888。

质量投诉请发邮件至 zlts@phei.com.cn，盗版侵权举报请发邮件至 dbqq@phei.com.cn。

本书咨询联系方式：qiyuqin@phei.com.cn。

前　言

教育部《关于深化职业教育教学改革　全面提高人才培养质量的若干意见》（教职成〔2015〕6 号）指出"加强公共基础课与专业课间的相互融通和配合，注重学生文化素质、科学素养、综合职业能力和可持续发展能力培养，为学生实现更高质量就业和职业生涯更好发展奠定基础"。化学在农、林、牧、渔等相关专业中，是一门重要的基础课程，与专业课联系密切。而目前此类高职高专院校在选择教材时，普遍存在很难选到难度适宜且针对性、适用性强的化学教材。高等职业教育注重培养的是应用型人才，因此希望有能结合高职高专学生文化特点，适应高等职业教育的发展，注重理论和实践的结合，注重与后续专业课程衔接的适用性、针对性较强的教材。

编写本教材之前，编写组做了大量调研工作，广泛听取了高职高专农业类如畜牧兽医、农艺工程、食品药品、茶学茶艺等相关专业的教师和学生的意见，并参考了相关的教材和资料，梳理出农业类专业需要用到的化学中的相关知识，将其分成三个部分：无机化学部分、分析化学部分和有机化学部分。内容以应用为目的，理论部分尽量简明扼要、突出重点；实验部分注重实验技能的训练，可操作性强。努力让学生能学、能做、能用。

本教材由贵州农业职业学院长期从事化学教学工作的李静、徐苏利、罗崇敏任主编，陈玲任副主编，包福书、杨帆为编委并参编。具体编写分工为：罗崇敏编写无机化学基础知识部分（第一章和第二章），李静编写分析化学基础知识部分（第三章～第七章），徐苏利编写有机化学基础知识部分（第八章～第十一章）和附录，向川编写实验一～实验五，陈玲编写实验六～实验十三，张红燕编写实验十四～实验十七。全书由李静统稿。

由于编者水平有限，加之时间仓促，教材中难免有疏漏或不足，恳请读者和同行批评指正。

编　者

2019 年 12 月

目　　录

第一部分　无机化学基础知识

第一章　元素及其化合物

【知识目标】

1. 了解元素周期表的结构，从而掌握元素周期律。

2. 通过对元素周期律的学习，掌握常见金属、非金属及其化合物的性质。

3. 通过学习金属、非金属及其化合物的性质，掌握常见的元素及其化合物在农业生产中的作用。

【技能目标】

1. 学会常见阴离子的定性检验。

2. 学会常见阳离子的定性检验。

宇宙中纷繁复杂的数千万种物质都是由化学元素周期表中有限的一百多种元素神奇地衍生出来的，化学正是研究物质的产生、组成、结构、性质及其变化规律的科学。因此，本章重点介绍元素周期表、重要的金属和非金属元素及其组成的化合物。

第一节　元素周期表简介

元素周期表

元素的性质，随着原子序数的递增而呈周期性变化，这一规律叫作元素周期律。它是 1869 年由俄国科学家门捷列夫（A.N.Mehaeneeb，1834—1907）发现的。元素周期律反映了各种化学元素之间的内在联系和性质的变化规律，有力地证明了"量变到质变"的宇宙间的基本规律。

根据元素周期律，把现在已知的 112 种元素中电子层数相同的元素按原子序数递增的顺序，从左到右排成横行，把不同横行中电子构型相同的元素按电子层数递增的顺序由上而下排成纵行。这样排成的表，叫作元素周期表。元素周期表有多种形式，目前使用最普遍的是长式周期表，如图 1-1 所示。

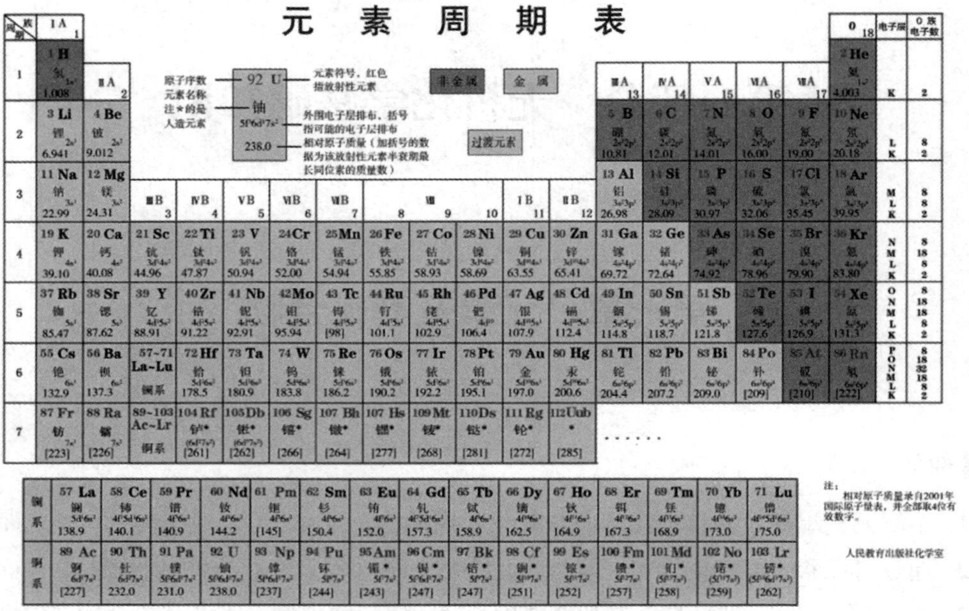

图 1-1　元素周期表

元素周期表是化学元素周期律的具体表现，是化学元素性质的总结。元素周期表有 7 个横行，即 7 个周期。具有相同的电子层数而又按照原子序数递增的顺序排列的一系列元素称为一个周期。各周期中元素的数目不一定相同，第一周期只有 2 种元素，称为特短周期；第二周期和第三周期分别有 8 种元素，称为短周期；第四周期和第五周期各有 18 种元素，称为长周期；第六周期有 32 种元素，称为特长周期；第七周期从钫开始，预计也应有 32 种元素，但至今只发现了 23 种元素，称为未完成周期。

每周期元素的电子层结构呈现周期性的变化，将相同的价电子层结构的元素归为同一列（共分 18 列），这是周期表分族的依据。

元素在周期表中的位置（周期、区、族），是由该元素原子核外电子的分布所决定的。原子的电子层结构随着核电荷数的递增呈现周期性变化，影响到原子的某些性质，如原子半径、电离能、电子亲合能和电负性，这些原子性质统称为原子参数，对元素的性质往往有重要影响，也呈现周期性的变化。

（1）周期数 = 电子层数 = 最外电子层的主量子数 n

（2）原子序数 = 核电荷数（质子数）= 核外电子数

（3）主族元素序数 = 最外层电子数 = 最高化合价数

（4）主族元素的负化合价 = 族序数 - 8

第二节　重要非金属元素及其化合物

非金属元素除氢和硼外（见图 1-2），原子最外层的电子数都在 4 个或 4 个以上，故参加化学反应时，容易得到电子形成稀有气体的稳定结构而显示负化合价。若全部失去（或偏移）最外层上的电子，则显示最高正化合价。也可以失去（或偏移）部分最外层上的电子而显示出其他可变化合价。

族\周期	ⅠA												ⅢA	ⅣA	ⅤA	ⅥA	ⅦA	0
1	H	ⅡA																He
2													B	C	N	O	F	Ne
3			ⅢB	ⅣB	ⅤB	ⅥB	ⅦB		ⅧB		ⅠB	ⅡB	Si	P	S	Cl	Ar
4														As	Se	Br	Kr
5															Te	I	Xe
6																At	Rn
7																	

图 1-2 非金属元素在周期表中的位置

一、卤族元素重要的单质和化合物

卤族元素包含氟（F）、氯（Cl）、溴（Br）、碘（I）、砹（At）五种非金属元素，它们的化学性质相似，故成为一族，称为卤族元素，简称卤素。其中砹为人工合成的放射性元素，在这里不做讨论。

卤族元素位于元素周期表中的第七主族（ⅦA），它们之所以具有相似的化学性质，是因为它们的原子结构相似，最外层均为 7 个电子，很容易获得 1 个电子形成稳定结构，生成-1 价的卤离子，是典型的非金属元素。

（一）氯

氯元素是典型的非金属元素，化学性质很活泼，容易和其他元素化合，所以自然界里没有游离状态的氯存在，氯元素占地壳总质量的 0.14%。氯主要以氯化钠（NaCl）、氯化镁（$MgCl_2$）等氯化物的形式存在于海水、盐井水、盐湖水和岩矿中。氯元素还是常量元素，在人及动物体内血液和体液中以氯化钠（NaCl）、细胞中以氯化钾（KCl）存在（均以 Cl^- 形式存在）。植物体内以 Cl^- 形式存在于叶绿体和细胞液中。

生理功能：在动物体内调节渗透压平衡、酸碱平衡及水平衡，参与胃酸（主要为 HCl）的形成，是唾液淀粉酶的激活剂。在植物体内参与光合作用的放氧过程。

1. 氯气的物理性质

氯气（Cl_2）是有强烈刺激性气味的黄绿色气体，有毒，吸入少量的氯气会引起恶心、呕吐、咳嗽、胸痛、呼吸困难等急性消化道及呼吸道疾病，吸入大量的氯气会引起喉肌痉挛、黏膜肿胀，甚至因喉肌痉挛而死亡。如果遇到中毒应立即离开现场，到室外呼吸新鲜空气。氯气沸点为-34.6℃，冷却至-34.6℃以下时形成液氯，不可燃，但遇可燃物会燃烧、爆炸。氯气能溶于水，常温下 1 体积水中能溶解 2 体积的氯气。密度比空气大。

2. 氯气的化学性质

氯气的化学性质很活泼，除了不与 C、N、O 和稀有气体作用外，几乎能与所有的金属、大多数非金属以及氢气直接化合，还能与许多化合物发生反应。

（1）氯气与金属反应

$$Cu + Cl_2 == CuCl_2$$
$$2Na + Cl_2 \xrightarrow{点燃} 2NaCl$$
$$2Fe + 3Cl_2 == 2FeCl_3$$

（2）氯气与非金属的反应

在常温下（在没有光线照射时），氯气与氢气化合缓慢。如果点燃或在强光照条件下，氯气和氢气的混合气体，就会因剧烈反应而发生爆炸，生成氯化氢气体。

$$H_2 + Cl_2 \xrightarrow[或光照]{点燃} 2HCl$$

纯净的氢气可在氯气中安静地燃烧产生 HCl，火焰呈苍白色。氯化氢是无色、有刺激性气味的气体，在空气中会产生"雾气"，这是氯化氢与空气中的水蒸气结合形成了酸雾。氯化氢极易溶于水，通常条件下 1 体积水中可溶解 500 体积的氯化氢气体。可利用此性质，在实验室做喷泉实验。

（3）氯气与水反应

氯气溶于水生成氯水，并和水发生反应生成次氯酸（HClO）和盐酸（HCl），盐酸和次氯酸又能发生反应，再转化为氯气和水。因此，氯气和水的反应是可逆反应。

$$Cl_2 + H_2O \rightleftharpoons HCl + HClO$$

次氯酸很不稳定，容易分解放出氧气，当受到光照时，反应速率加快。

$$2HClO \xrightarrow{光照} 2HCl + O_2\uparrow$$

因次氯酸见光易分解，故氯水一般保存在棕色瓶中，久制的氯水成分主要为水和盐酸。次氯酸是很强的氧化剂，具有杀菌和漂白能力。自来水常用氯气（1L 水大约通入 0.002g 氯气）消毒。次氯酸还可使有机色素褪色，故氯气也可用作漂白剂。

（4）氯气与碱反应

氯气与 NaOH 等碱类都能较快地发生反应，生成氯化钠（NaCl）和次氯酸钠（NaClO），所以制备氯气时可用碱液来吸收剩余氯气。

$$Cl_2 + 2NaOH == NaCl + NaClO + H_2O$$

工业上制取的漂白粉是氯气与消石灰反应制得的混合物。

$$2Cl_2 + 2Ca(OH)_2 = CaCl_2 + Ca(ClO)_2 + H_2O$$

$CaCl_2$ 和 $Ca(ClO)_2$ 混合物叫作漂白粉，但其中的有效成分为 $Ca(ClO)_2$，漂白粉在潮湿的空气中与 CO_2 反应，逐渐分解，生成次氯酸。

$$Ca(ClO)_2 + CO_2 + H_2O = CaCO_3\downarrow + 2HClO$$

由此可看出，碳酸的酸性强于次氯酸。

漂白粉是廉价的消毒剂、杀菌剂，广泛应用于漂白棉、麻、纸浆等。市面上销售的 84 消毒液，是以次氯酸钠为主要成分的消毒剂，有效氯含量为 1.1%～1.3%，广泛应用于宾馆、医院、食品加工行业和家庭等的卫生消毒。84 消毒液有一定的刺激性与腐蚀性，必须稀释以后才能使用，消毒液必须密闭保存，避免其有效成分挥发。

3. 氯气的用途

氯气除用于制备消毒剂与杀菌剂、制造盐酸和漂白粉外，还用于制造氯丁橡胶、聚氯乙烯塑料、合成纤维、农药、有机溶剂和其他氯化物，所以氯气是一种重要的化工原料。

（二）重要的氯化物

1. 盐酸（HCl）

氯化氢的水溶液即盐酸。市售试剂级盐酸密度为 1.19g/mL，浓度 37% 相当于 $12mol \cdot L^{-1}$，工业盐酸因常含有 $FeCl_3$ 杂质而呈黄色。氯化氢很容易从溶液中逸出，遇到潮湿的空气便会产生烟雾。常用的稀盐酸含 10% 或更少的氯化氢。盐酸受热易挥发，是一种低沸点的挥发性酸。

盐酸是一种重要的强酸，它具有酸的通性，能与许多金属氧化物反应生成盐和水。盐酸常用来制备金属氯化物，同时在皮革工业、食品工业，以及钢轨、焊接、电镀、搪瓷、医药等方面也有广泛用途。

盐酸也存在于胃液中（约 0.5%），它能促进食物的消化和杀死各种病菌。当盐酸在胃液中的浓度增加时，则导致胃酸过多，可服用少量的 $NaHCO_3$、MgO 或 $Al(OH)_3$ 凝胶。相反地，胃液中的酸度不够时，可内服一些 10% 的稀盐酸。

2. 氯化钠（NaCl）

俗称食盐，多是从海水晒制得到的。除食用外，农业上还可用于选种。在有色冶金工业上常常将含有铜的硫化矿和氯化钠混合进行焙烧以使矿石中的金属变为氯化物而易于分离。此外，它是制备其他钠盐、氢氧化钠、氯气、盐酸等多种化工产品的基本原料。

3. 氯化钾（KCl）

它是从天然矿物光卤石（$KCl \cdot MgCl_2 \cdot 6H_2O$）或钾石盐（$KCl \quad NaCl$）中提取出来的。

因来源较少，所以比食盐贵，只用于制取钾的化合物和作为植物的肥料。

二、氧族元素及重要的单质和化合物

氧族元素包含氧（O）、硫（S）、硒（Se）、碲（Te）、钋（Po）五种元素，它们位于元素周期表中的第六主族（ⅥA），其中钋是放射性元素。

氧族元素原子的最外电子层上有 6 个电子，它们的最高化合价为+6 价（氧除外），最高价氧化物的通式是 RO_3，最低化合价为-2 价，氢化物的通式是 H_2R。

（一）硫

硫（S）是一种重要的非金属元素，它广泛地存在于自然界中，单质硫俗称"硫黄"。最早在公元前 6 世纪，我国古代炼丹术和医学上就经常用到硫，硫还是我国古代四大发明之一——黑火药的重要组成部分。在海洋、大气和地壳内，以及在煤、石油及矿物质中都含有硫，硫也是人体和动物体内蛋白质的构成元素之一，在动物体内是蛋白质、硫胺素、硫酸软骨素等重要物质的组成成分，以有机硫（基团）的形式存在。在植物体内是以无机硫（SO_4^{2-}）的形式存在的。我们在了解氧族元素的同时，主要学习硫及其化合物的知识。

生理功能：构成酶的活性基团，参与蛋白质、糖类的代谢过程，参与激素和被毛的合成（缺硫会导致脱毛症及产毛量下降）；促进豆科植物体根瘤菌的形成，影响植物生长（缺硫会使叶脉发黄）。

1. 硫的物理性质

硫单质是淡黄色的固体，密度约为水的 2 倍。不溶于水，微溶于酒精，易溶于二硫化碳（CS_2）。

2. 硫的化学性质

（1）与金属的反应。硫的化学性质比较活泼，能和除金、铂以外的各种金属直接化合，生成金属硫化物并放出热量。

$$2Al + 3S \xrightarrow{\triangle} Al_2S_3$$
$$Fe + S \xrightarrow{\triangle} FeS$$

氯气与铁在常温下反应，可生成高价态的铁（Fe^{3+}），硫与铁在加热条件下反应，生成低价态的铁（Fe^{2+}），由此可以看出，氯气的氧化性要强于硫。

（2）硫与非金属的反应。硫能和许多非金属反应，硫蒸气能和氢气直接化合成硫化氢（H_2S）。

$$H_2 + S(气态) \xrightarrow{\triangle} H_2S$$

硫还可以在空气或纯氧中燃烧，火焰呈蓝色，生成二氧化硫。

$$S + O_2 \underline{\quad 点燃 \quad} SO_2$$

（二）硫的化合物

1. 硫化氢（H_2S）

硫化氢是一种具有臭鸡蛋气味的无色气体，密度比空气略大，有毒，是一种大气污染物。空气中含有 0.1%的硫化氢，就会使人感到头痛、恶心，长时间吸入会造成昏迷甚至死亡。因此，制取或使用硫化氢时，必须在通风橱中进行。在工业生产中，空气中硫化氢的含量不得超过 0.01mg/L。在农业上，若稻田里通风不好，会产生硫化氢，导至稻苗根部腐烂。动植物体腐败时也会产生硫化氢气体。

硫化氢微溶于水，在常温常压下，1 体积水能溶解 2.6 体积的 H_2S，它的水溶液称为氢硫酸，呈弱酸性，能使石蕊试纸变红，具有酸的通性。

H_2S 受热到 300℃以上分解：

$$H_2S \underline{\quad \triangle \quad} H_2 + S$$

H_2S 是一种可燃性气体，在空气中燃烧时，产生淡蓝色火焰。空气充足时生成二氧化硫气体和水；空气不足时，生成硫单质和水。

$$2H_2S + 3O_2 \underline{\quad 点燃 \quad} 2SO_2 + 2H_2O$$
$$2H_2S + O_2 \underline{\quad 不完全燃烧 \quad} 2S + 2H_2O$$

H_2S 具有较强的还原性，与 SO_2 可发生如下反应：

$$2H_2S + SO_2 == 3S + 2H_2O$$

工业上，利用工厂的含 SO_2 尾气和含 H_2S 废气相互作用，既能回收硫，又能避免污染环境。

2. 二氧化硫（SO_2）

SO_2 是一种有刺激性气味的有毒气体，密度比空气大，是常见的大气污染物。它易溶于水，常温常压下，1 体积水中可溶解 40 体积的二氧化硫。

二氧化硫是酸性氧化物，易溶于水生成亚硫酸，因此二氧化硫又叫亚硫酸酐。亚硫酸具有酸的通性。亚硫酸不稳定，易分解，因此二氧化硫与水反应是一个可逆反应：

$$SO_2 + H_2O \Longrightarrow H_2SO_3$$

SO_2 具有漂白某些有色物质的性能，工业上常用 SO_2 来漂白纸浆、毛、丝、草帽等。这是因为 SO_2 的水溶液和某些色素化合成无色化合物，这种无色化合物不稳定，容易分解，使有机色素恢复原来的颜色，例如，用 SO_2 漂白品红溶液，可使其变为无色，但在加热煮沸时，又会出现红色。所以经 SO_2 漂白过的草帽、报纸日久会逐渐恢复原来的颜色。

SO_2 可以杀菌，用做空气消毒剂。大量的 SO_2 用来制造硫酸。

3. 三氧化硫（SO_3）

SO_3 在常温下是无色液体或白色固体。熔点 16.8℃，沸点 44.8℃。SO_3 溶于水生成硫酸，是硫酸的酸酐。

$$SO_3 + H_2O == H_2SO_4$$

剧烈的放热反应使硫酸形成难于收集的酸雾，所以工业上不直接用水吸收 SO_3，而是用 98.3% 的浓硫酸来吸收 SO_3，得到含过量 SO_3 的发烟硫酸，然后再用 92.5% 的 H_2SO_4 来稀释发烟硫酸得到 98.3% 的市售商品硫酸。

SO_3 是强氧化剂，它可使磷燃烧，也可将 KI 氧化成碘。

$$5SO_3 + 2P == 5SO_2 + P_2O_5$$
$$2SO_3 + 2KI == K_2SO_3 + I_2$$

4. 硫酸（H_2SO_4）

硫酸是化工"三酸"中最重要的一种酸，它是最基本的化学原料之一，许多工业生产都离不开硫酸。

（1）硫酸的物理性质

纯硫酸是无色、无臭、黏稠、透明的油状液体，密度 1.84g/cm³，凝固点为 10.4℃，沸点为 337℃，能与水以任意比例互溶，同时放出大量的热，使水沸腾，是难挥发性酸。

（2）硫酸的化学性质

硫酸是一种强酸，它的水溶液具有酸的通性，能发生下列反应：① 可与元素周期表氢前面的金属在一定条件下反应，生成相应的硫酸盐和氢气；② 可与绝大多数金属氧化物反应，生成相应的硫酸盐和水；③ 可与碱反应生成相应的硫酸盐和水；④ 可与所含酸根离子对应的酸性比硫酸弱的盐反应，生成相应的硫酸盐和弱酸；⑤ 能与指示剂作用，使紫色石蕊试液变红，但不能使无色酚酞试液变色。

（3）浓硫酸的特殊性质

① 脱水性。脱水是指浓硫酸按水分子中氢氧原子数的比（2∶1）夺取被脱水物中的氢原子和氧原子或脱去非游离态的结晶水，其中蔗糖、木屑、纸屑和棉花等物质中的有机化合物，被脱水后生成了黑色的炭，这种过程称作炭化。一个典型的炭化现象是蔗糖的黑面包反应。

$$C_{12}H_{22}O_{11} \xrightarrow{\text{浓硫酸}} 12C + 11H_2O$$

② 吸水性。浓酸酸有强烈的吸水性，且吸水时放出大量的热。故在稀释浓硫酸时，只能将浓硫酸慢慢倒入水中，且一边倒一边搅拌，切不可将水注入浓硫酸中，否则会因局

部过热而暴沸，使酸飞溅伤人，甚至发生爆炸。

浓硫酸溶于水时，和水分子结合形成一系列稳定的水合物（$H_2SO_4 \cdot H_2O$、$H_2SO_4 \cdot 2H_2O$、$H_2SO_4 \cdot 4H_2O$ 等）而放出大量的热，因此浓硫酸具有强烈的吸水性。在工业上和实验室中常用它来作干燥剂，如干燥氯气、氢气、氧气和二氧化碳等气体。

③ 强氧化性。

$$Cu + 2H_2SO_4(浓) \xrightarrow{\text{加热}} CuSO_4 + SO_2\uparrow + 2H_2O$$

浓硫酸与铁、铝等接触很快使金属表面生成一层致密的金属氧化物薄膜，可阻止内部金属继续与硫酸起反应，这种现象叫作金属的钝化。因此浓硫酸可用铁或铝的容器储存。浓硫酸具有强氧化性，实验室制取硫化氢、溴化氢、碘化氢等还原性气体时不能用浓硫酸。

硫酸是化学工业中一种重要的酸，国际上往往用硫酸的年产量来衡量一个国家的化工生产能力。硫酸大量用于肥料工业、石油精炼、炸药生产，以及染料、颜料、制药、纺织等工业部门。

5. 重要的硫酸盐

（1）硫酸钙

带两个结晶水的硫酸钙（$CaSO_4 \cdot 2H_2O$）叫作石膏，是自然界中分布很广的矿物，石膏是一种白色晶体，当加热到150～170℃时，石膏就会失去所含的大部分结晶水，变成熟石膏（$2CaSO_4 \cdot H_2O$），熟石膏加水调成糊状后很快硬化，重新变成石膏，有一定的黏度。利用这种性质，可用熟石膏做成石膏板，装修建筑物的内墙；做陶瓷工业的模型；在医疗上做石膏绷带；石膏也是制造水泥不可缺少的原料，用石膏来调节水泥的凝结时间。

（2）硫酸锌

带 7 个结晶水的硫酸锌（$ZnSO_4 \cdot 7H_2O$）俗称皓矾，是一种无色晶体，在印染工业上用做媒染剂，使颜色固定在纤维上。在铁路施工中用它的溶液浸枕木，是木料的防腐剂。医疗上用它的水溶液作收敛剂，可使有机机体组织收缩，减少腺体的分泌，浓度较小的水溶液可用于眼药水中。

（3）硫酸钡

天然的硫酸钡叫作重晶石，是制造硫酸钡的原料，可用作白色颜料。硫酸钡（$BaSO_4$）不溶于水，也不溶于酸，利用这种性质，及不易被 X 射线透过的性质，医疗上常用硫酸钡作内服剂进行食管和肠胃的检查，称作钡餐透视。

三、氮族元素重要的单质和化合物

氮族元素包含氮（N）、磷（P）、砷（As）、锑（Sb）、铋（Bi）五种元素，它们位于元素周期表中的第五主族（ⅤA），其中氮、磷、砷是非金属，锑和铋是过渡金属。氮族是一个典型的由非金属至金属的完整过渡族。

氮族元素原子的最外层有 5 个电子，所以它们的最高化合价为+5 价，它们的可变化合价也较多，其中以+3 价最常见，它们的氧化物通式分别是 R_2O_5 和 R_2O_3，与氢化合最低化合价是-3，通式是 RH_3。

（一）氮

氮元素是一种常量元素，是蛋白质、核酸、磷脂及其代谢产物的组成成分，在动物体内以有机氮（氨基）形式存在；植物体内主要以铵根离子、硝酸根离子和生物碱形式存在。

生理功能：氮在动物体内参与蛋白质、核酸及磷脂的合成和分解代谢；氮是植物体叶绿素的主要组成部分，影响植物发育成熟（缺氮时植株矮小、开花结果迟缓）。

1. 氮气（N_2）的物理性质

氮气常温下是无色无味的气体，无毒，不能供人类及动物呼吸。氮气比空气略轻。在标准大气压下，冷却至-195.6℃时，变成无色的液体，-209.86℃时变成雪状固体。氮气在水中溶解度很小，通常状况下，1 体积水中大约只能溶解 0.02 体积的氮气。

2. 氮气的化学性质

（1）氮气与氢气反应

在高温 500～550℃，高压 $2×10^4$～$1×10^5$kPa 和催化剂作用下，氮气与氢气直接化合生成氨。工业上用这个反应来合成氨。

$$N_2 + 3H_2 \xrightarrow[\text{催化剂}]{\text{高温高压}} 2NH_3$$

（2）氮气与氧气反应

在放电的条件下，氮气和氧气化合生成氧化氮。

$$N_2 + O_2 \xrightarrow{\text{电火花}} 2NO$$

在水力发电丰富的国家，用这种方法从空气中制取 NO。NO 再经以下反应可得到 HNO_3。

$$2NO + O_2 = 2NO_2$$
$$3NO_2 + H_2O = 2HNO_3 + NO$$

在雷雨时，大气中常有 NO 产生。据估算，每年因雷雨而渗入大地的氮肥约有 4 亿吨。

（3）氮气与金属反应

氮在高温时能与镁、钙、锶、钡等金属化合。例如：镁在空气中燃烧时，除与氧化合生成 MgO 外，也能与氮形成微量的氮化镁 Mg_3N_2。

$$N_2 + 3Mg \xrightarrow{\text{点燃}} Mg_3N_2$$

3. 氮气的用途

氮气是工业上合成氨的原料。另外，由于氮的不活泼性，在工业上氮气可以用来代替稀有气体作焊接金属的保护气，还可用氮气来填充白炽灯泡，防止钨丝氧化或减慢钨丝的挥发，利用氮气保存粮食、水果等农副产品等。

（二）氨的化合物

1. 氨气（NH_3）

（1）氨气的性质

① 氨气的物理性质。NH_3是无色有强烈刺激性嗅味的气体，比空气轻，易液化。在常压下冷却到-33.5 ℃或在常温下，加压到$700\sim800$ kPa，氨气即凝结成无色液体，同时放出大量的热。液态氨气化时要吸收大量的热，因此氨常用做致冷剂。

② 氨气的化学性质。

a. 氨气与水的反应。NH_3极易溶于水，在常温下，1 体积水约可溶解 700 体积的氨气，氨气的水溶液叫作氨水。NH_3易溶于水的根本原因是NH_3与水通过氢键结合，形成氨气的水合物$NH_3 \cdot H_2O$。并由其电离而使氨水显碱性：

$$NH_3 + H_2O \rightleftharpoons NH_3 \cdot H_2O \rightleftharpoons NH_4^+ + OH^-$$

氨水很不稳定，受热分解为NH_3和H_2O。

$$NH_3 \cdot H_2O \xrightarrow{\triangle} NH_3\uparrow + H_2O$$

b. 氨气具有碱性，可与酸发生反应：

$$NH_3 + HCl = NH_4Cl$$

氨气还能与其他酸反应生成铵盐（NH_4^+和酸根组成的盐）。

$$NH_3 + HNO_3 = NH_4NO_3$$
$$2NH_3 + H_2SO_4 = (NH_4)_2SO_4$$

c. 氨气与氧气的反应。氨气在纯氧中能燃烧发出黄色火焰。

$$4NH_3 + 3O_2 \xrightarrow{\triangle} 2N_2 + 6H_2O$$

在催化剂的作用下，氨气在空气中与氧作用生成一氧化氮。

$$4NH_3 + 5O_2 \xrightarrow[800℃]{Pt} 4NO + 6H_2O$$

该反应是氨氮化法制硝酸的原理。

d. 氨气与金属氧化物的反应。氨气在高温下能把许多金属氧化物还原为金属，如：

$$2NH_3 + 3CuO \xrightarrow{\triangle} 3Cu + N_2 + 3H_2O$$

（2）氨气的用途

氨气是一种重要的化工产品，是制造氮肥、铵盐、硝酸和纯碱的重要原料，也是塑料、纤维、染料和尿素等有机合成工业常用的原料。

2. 氮的氧化物

在不同条件下，氮和氧能生成五种氮的氧化物：N_2O、NO、N_2O_3、NO_2、N_2O_5。其中 N_2O_3 和 N_2O_5 都是很不稳定的，它们对应的水化物是亚硝酸（HNO_2）和硝酸（HNO_3）。

在工业上以一氧化氮（NO）和二氧化氮（NO_2）用途最广。

NO 是无色气体，比空气略重，不溶于水，在常温下，容易与空气中的氧结合。

$$2NO + O_2 = 2NO_2$$

NO_2 是棕红色气体，有毒，易溶于水生成 HNO_3 和 NO。

$$3NO_2 + H_2O = 2HNO_3 + NO$$

工业上制造硝酸要用这两种氮的氧化物。

NO_2 还可相互化合成无色的 N_2O_4。

$$2NO_2 \xrightleftharpoons{\qquad} N_2O_4$$
$$\text{（棕红色）} \qquad \text{（无色）}$$

3. 硝酸

硝酸是工业上重要的"三酸"之一，在国民经济和国防工业中有极其重要的作用。

（1）硝酸的物理性质

纯硝酸为无色、易挥发、有刺激气味的透明液体。密度为 $1.5027g/cm^3$，沸点为 83℃，熔点为-42℃。它能以任意比例溶于水，一般市售的浓硝酸浓度大约在 65%～68%，浓度为 98% 以上的浓硝酸在空气中发烟，因溶有 NO_2，所以常呈黄色，称为发烟硝酸。在空气中发烟是因为挥发出来的 NO_2 与空气中的水蒸气相遇，形成极微小的硝酸雾滴。

（2）硝酸的化学性质

硝酸是一种强酸，它除具有酸的通性，如能中和碱性氧化物、氢氧化物和分解碳酸盐等，还有它本身的特性。

① 不稳定性。硝酸很不稳定，容易分解。纯净的硝酸或浓硝酸在常温下见光就会分解，受热时分解得更快。

$$4HNO_3 \xrightarrow[\text{光照}]{\triangle} 4NO_2\uparrow + O_2\uparrow + 2H_2O$$

硝酸越浓，就越容易分解，分解放出的 NO_2 溶于硝酸中而呈黄色。为防止硝酸分解，硝酸都装在棕色瓶中，放在阴凉避光处下储存。

② 氧化性。硝酸是一种很强的氧化剂，几乎能与所有的金属（除金、铂等）或非金属发生氧化还原反应。

浓硝酸和稀硝酸都能与铜发生反应，浓硝酸反应激烈，有红棕色气体产生。反应的化学方程式如下：

$$Cu + 4HNO_3（浓）=== Cu(NO_3)_2 + 2NO_2\uparrow + 2H_2O$$
$$3Cu + 8HNO_3（稀）=== 3Cu(NO_3)_2 + 2NO\uparrow + 4H_2O$$

硝酸与金属发生反应时，主要是 +5 价氮得到电子，被还原成较低价氮的化合物，并不像盐酸那样与活泼金属反应放出氢气。

冷的浓硝酸能使铝、铁等金属发生"钝化"。因此，可用铝槽车储运浓硝酸。

浓硝酸与浓盐酸的混合物（体积之比为 1:3）称为"王水"。它的氧化能力非常强，能使一些不溶于硝酸的金属如金、铂等溶解。硝酸能使许多非金属如碳、硫、磷等氧化。硝酸和硫共热时生成硫酸，硝酸与磷反应生成磷酸，同时硝酸被还原成 NO_2。

$$C + 4HNO_3（浓）=== CO_2\uparrow + 2NO_2\uparrow + 2H_2O$$
$$S + 6HNO_3（浓）\xrightarrow{加热} H_2SO_4 + 6NO_2\uparrow + 2H_2O$$
$$P + 5HNO_3（浓）=== H_3PO_4 + 5NO_2\uparrow + H_2O$$

四、动、植物体内其他常见非金属元素的存在形式及作用

1. 氟（F）

微量元素，是牙齿、指甲和骨骼的组成成分（以 F^- 或氟硅酸盐的形式存在）。

生理功能：影响牙齿和骨骼的形成及钙、磷的代谢，预防龋齿。

2. 碘（I）

微量元素，是动物甲状腺素（激素）的组成成分，主要以 I^- 或碘酸根的形式存在。

生理功能：对大脑的发育起重要作用，能促进物质代谢和智力发育，预防甲状腺肿大（大脖子病）和地方性克汀病。

3. 硒（Se）

微量元素，是过氧化物酶及硒代半胱氨酸的成分之一。

生理功能：动物体中参与辅酶 A 及辅酶 Q 的合成；保护细胞结构免受氧化，增强机体免疫力，抑制癌肿；预防白肌病、水肿病等；人体缺硒时，易患"克山病"。

4. 磷（P）

常量元素，是生物体的重要组成元素，主要有无机磷（$H_2PO_4^-$、HPO_4^{2-}）和有机磷（核酸、磷脂中磷酰基）两种形式存在。

生理功能：构成生物体细胞核、细胞膜结构和血浆脂蛋白成分；以骨盐（磷灰石）形式维持骨骼及牙齿的硬度；参与调节体内酸碱平衡；对能量的储存、转换起重要作用（高能化合物 ATP）。植物体内也是构成果实籽粒的成分，并能促进根系发达，增强抗寒、抗旱能力。

5. 硼（B）

微量元素，以硼酸盐形式与糖配合存在于植物体的花柱及柱头中。

生理功能：促进植物体内糖类的运输与代谢，促进花粉管萌发、生长、受精作用。

身边的化学

"抗癌之王"——硒

硒是人体必需的微量元素。在人体内，硒对心肌纤维、血管的结构和功能有重要作用，可维护心血管系统的正常结构和生理功能，预防心血管疾病的发生；硒是部分有毒的重金属元素如镉、铅的天然解毒剂，可减轻毒素对肝细胞的损害。此外，硒还能提高机体的免疫力，与维生素E合用，可减轻过氧化物对视网膜的损害等。科学界研究发现，血硒含量的高低与癌的发生息息相关。所以，硒被科学家称为人体微量元素中的"抗癌之王"。 因此，目前我国各地正在开发各类富含硒的强化食品，如富硒大米、富硒小麦、富硒禽蛋等。

"生物固氮作用"

将空气中的氮单质转化为氮的化合物的过程，称为氮的固定，简称"固氮"。氮虽然是生物体必需的元素，但必须将大气中的氮气转化为氮的化合物，才能被生物体吸收。自然界中的某些微生物，如豆科植物的根瘤菌或固氮微生物能在常温常压下固定空气中的氮，将氮转化为能被植物吸收的氮化物。据估算，每年生物固氮量达世界工业固氮量的30多倍，可见生物固氮能力的强大。

第三节　重要金属元素及其化合物

在已经发现的一百多种元素中，大约有五分之四是金属元素。在元素周期表中金属元素都位于元素周期表的左下方，如图 1-3 所示。

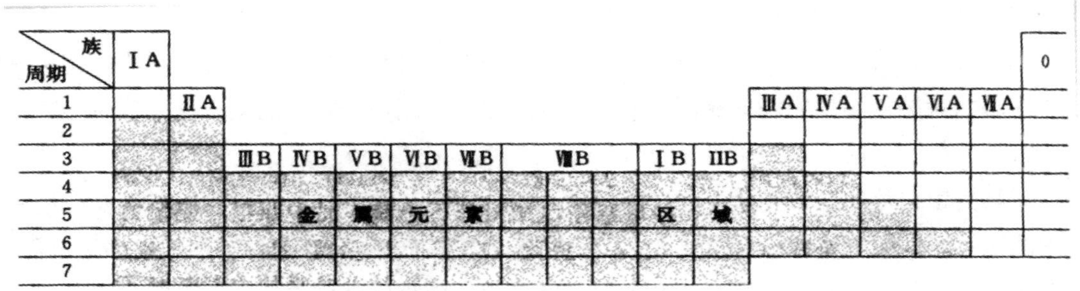

图 1-3　金属元素在周期表中的位置

金属元素的最外层电子数少，在化学反应中，金属最典型的特性是容易失去外层电子形成金属阳离子（$M-ne = M^{n+}$；M 为金属元素的原子）。因不同的金属元素失去电子的能力不同，故金属活泼性也不同。（常见金属的活动性顺序初中已学过）

金属具有很多共同的物理通性，如：① 各种金属固体具有不同的颜色和金属光泽；② 大多数金属都有良好的导电性和导热性，是输电线及生产和生活中加热器具的材料；③ 大多数金属具有良好的延展性，可被锤击、轧压、拉伸成各种形状的金属制品；④ 大多数金属的密度较大、硬度较大、熔点较高，但差别也较大。

我们知道，多数金属元素原子的最外层电子数少于 4 个，在发生化学反应时，它的最外层电子较容易失去。所以，金属最主要的共同化学性质都是易失去最外层的电子变成金属阳离子而表现出还原性。如金属可以与非金属、酸等反应。由于金属失去电子的难易程度不同，所以各种金属还原性的强弱也不同，化学活动性差别也较大。因此，对于金属的化学性质，需要结合具体物质进行研究。

一、重要的金属单质及其化合物

（一）钠(Na)和钾(K)及其重要化合物

1. 钠和钾

Na 也是一种常量元素，Na^+是细胞外液中的主要阳离子，以 NaCl、$NaHCO_3$ 形式存在。

生理功能：维持动物体内的水、渗透压及酸碱平衡；加强肌肉的兴奋性和神经传导；帮助氨基酸、葡萄糖在肠道中的吸收。

K 是一种常量元素，K^+ 是细胞内液中的主要阳离子，以 KCl、$KHCO_3$ 形式存在。

生理功能：在动物体内维持水、渗透压及酸碱平衡；增强肌肉的兴奋性，维持心肌收缩；参与蛋白质、糖类和能量代谢；激活某些酶。植物体内能促进光合作用（促进糖类的生成），并能增进作物对氮、磷的吸收和利用，能抗倒伏。

钠和钾，具有密度小、硬度小、熔点低、导电性强的特点，是典型的轻金属。由于钠和钾的硬度小，所以钠、钾可以用小刀切割。

钠和钾，具有很强的化学活泼性，突出表现在它们可与各种非金属及水等物质直接发生作用。两者的化学反应基本相同，而钾的反应比钠更剧烈。它们的主要化学性质如下：

（1）与氧气反应

钠具有银白色的金属光泽，但在空气中会迅速变成灰白色，这是因为钠和钾表面被空气中的氧气迅速氧化生成一层氧化物。钠和钾在空气中能燃烧，燃烧时，钠的火焰呈黄色，钾的火焰呈紫色。可利用焰色反应产生的现象不同，检验化合物中是否含有钠和钾。

钠在空气中被氧气氧化生成氧化钠，但氧化钠不稳定，在充足的氧气中会被继续氧化，生成比较稳定的过氧化钠。所以，钠在不含 CO_2 的干燥空气中燃烧生成过氧化钠。

$$4Na + O_2 \!=\!=\! 2Na_2O$$
$$2Na + O_2 \xrightarrow{\text{点燃}} 2Na_2O_2 \text{（过氧化钠）}$$

至于钾和氧气反应，生成比过氧化物更复杂的超氧化物，在此不予介绍。

（2）与氯气、硫等非金属反应

钠和钾都能与氯气、硫等剧烈反应，在常温下就能燃烧生成氯化物和硫化物：

$$2Na + Cl_2 \xrightarrow{\text{点燃}} 2NaCl$$
$$2Na + S \!=\!=\! Na_2S$$

（3）与氢气反应

在高温下钠和钾能与氢直接化合，使氢原子接受电子变成 H^- 阴离子而生成金属氢化物：

$$2Na + H_2 \xrightarrow{\text{高温}} 2NaH$$
$$2K + H_2 \xrightarrow{\text{高温}} 2KH$$

NaH 具有强烈的还原性，在熔融的 NaOH 中，能还原金属氧化物（如氧化铁）为相应的金属。因此，在冶金工业上，常用 NaH 来清除金属表面的氧化膜，得到洁净光亮的金属。

（4）与水反应

钠和钾在常温下都能与水剧烈作用而放出氢气。当把钠投入含有酚酞的水中时，钠立刻熔成闪亮的小球，浮在水面上，并向各方向迅速游动，然后逐渐消失。烧杯里的溶液由无色变成红色。这是由于钠比水轻，钠和水剧烈反应时放出的热能使它熔化成银白色的小球浮在水面上游动，产生气体并有呈碱性的新物质生成。

根据实验现象，我们可以看出，钠和水反应生成了氢氧化钠和氢气。

$$2Na + 2H_2O == 2NaOH + H_2\uparrow$$

钾和水反应更为激烈，并发生燃烧，甚至爆炸。

$$2K + 2H_2O == 2KOH + H_2\uparrow$$

综上所述，钠和钾在空气中都是不稳定的，极易发生反应，所以将它们保存在中性干燥的煤油中。

2. 钠和钾的重要化合物

（1）氧化物

钠和钾很容易与氧化合，氧化时，除能生成正常氧化物如 Na_2O、K_2O 外，还能生成相应的过氧化物 Na_2O_2、K_2O_2。

在初中化学课程中我们已熟悉 Na_2O、K_2O。过氧化物中最常见的、实际用途也较大的是过氧化钠。

过氧化钠是淡黄色的固体，加热至熔融也不分解。但遇棉花、碳、铝、乙醇等则易发生燃烧和爆炸，故使用时应当特别小心。

过氧化钠与水或稀酸作用生成过氧化氢，并释放大量的热，从而促使过氧化氢迅速分解。

$$Na_2O_2 + 2H_2O == 2NaOH + H_2O_2$$
$$Na_2O_2 + H_2SO_4 == Na_2SO_4 + H_2O_2$$
$$2H_2O_2 == 2H_2O + O_2\uparrow$$

因此过氧化钠是一种强氧化剂。实际中常用做漂白剂、消毒剂和氧气发生剂。

$$2Na_2O_2 + 2CO_2 == 2Na_2CO_3 + O_2\uparrow$$

故在高空飞行和潜水作业的密封舱中，它可"一物两用"，兼作供氧剂和二氧化碳吸收剂。

（2）氢氧化物

氢氧化钠和氢氧化钾对纤维与皮肤有强烈的腐蚀作用，所以称它们为苛性碱。通常又分别称为苛性钠和苛性钾。它们都是白色晶体状固体，在空气中容易吸湿潮解，所以固体 $NaOH$ 是常用的干燥剂。它们还容易与空气中的 CO_2 反应生成碳酸盐，要密封保存。

$$2NaOH + CO_2 == Na_2CO_3 + H_2O$$
$$2KOH + CO_2 == K_2CO_3 + H_2O$$

氢氧化钠和氢氧化钾突出的化学性质是强碱性。它们的水溶液和熔融物，既能溶解某些金属（Al、Zn 等）及其氧化物，也能溶解某些非金属（Si、B 等）及其氧化物。因此，实验室盛氢氧化钠或氢氧化钾溶液的试剂瓶，应用橡皮塞，而不能用玻璃塞，否则，长期存放，NaOH 就和玻璃中的主要成分 SiO_2 发生作用，生成黏性的 Na_2SiO_3 或 K_2SiO_3。

$$2NaOH + SiO_2 == Na_2SiO_3 + H_2O$$
$$2KOH + SiO_2 == K_2SiO_3 + H_2O$$

氢氧化钠和氢氧化钾都是重要的化工原料，大量用于制造肥皂、纸浆、人造丝、整理棉织品、精炼石油、冶金及精细化工中。氢氧化钾虽有实际用途，但氢氧化钾比氢氧化钠成本高、产量小，应用不及氢氧化钠普遍。

（3） 钠和钾的碳酸盐

① 碳酸钠（Na_2CO_3）。碳酸钠有无水物和含水化合物（$Na_2CO_3 \cdot 10H_2O$）两种，前者置于空气中因吸潮而结成硬块，后者在空气中易风化变成白色粉末或细粒，俗称苏打，工业上又称纯碱。

工业上所谓"三酸两碱"中的两碱是指 NaOH 和 Na_2CO_3。它们都是极为重要的化工原料。许多用碱的场合，常以 Na_2CO_3 代替 NaOH。

碳酸钠与酸反应，放出二氧化碳气体：

$$Na_2CO_3 + 2HCl == 2NaCl + H_2O + CO_2\uparrow$$

因此在食品工业中，用它中和发酵后生成的多余的有机酸，除去酸味，并利用反应中生成的 CO_2 使食品膨松。

碳酸钠是一种基本的化工原料，用于玻璃、搪瓷、钢铁、铝及其他有色金属的冶炼，也用于肥皂、造纸、纺织和漂染工业。它还是制备其他钠盐或碳酸盐的原料，因此用途十分广泛。

② 碳酸氢钠（$NaHCO_3$）。俗称小苏打。它的水溶液呈弱碱性，也是常用的"碱"。与酸反应也能放出二氧化碳气体：

$$NaHCO_3 + HCl == NaCl + H_2O + CO_2\uparrow$$

碳酸氢钠遇盐酸放出二氧化碳的反应要比碳酸钠剧烈得多。碳酸钠受热不反应，而碳酸氢钠则受热分解放出二氧化碳。

$$2NaHCO_3 \xrightarrow{\triangle} Na_2CO_3 + H_2O + CO_2\uparrow$$

这个反应可以用来鉴别碳酸钠和碳酸氢钠，也可以用该反应除去混入碳酸钠中的碳酸氢钠，泡沫灭火器就是利用下面的反应生成的 CO_2 来灭火：

$$6NaHCO_3 + Al_2(SO_4)_3 == 3Na_2SO_4 + 2Al(OH)_3\downarrow + 6CO_2\uparrow$$

③ 碳酸钾（K_2CO_3）。碳酸钾在工业上也有相当大的用途，例如：用于制造硬质玻璃、

洗羊毛用的软肥皂等。它主要是从植物灰中提取的，农村中直接使用草木灰作天然肥料。

（二）钙（Ca）和镁（Mg）及其重要的化合物

1. 镁和钙

Ca 是一种常量元素，人体中存在离子钙（Ca^{2+}）和结合钙（与血浆清蛋白结合）两种形式。

生理功能：是构成动物骨骼、牙齿和植物细胞壁的主要成分；降低神经肌肉的兴奋性，维持神经冲动的正常传导；降低毛细血管的通透性，参与血液凝固；能激活多种酶。

Mg 也是一种常量元素，以骨盐（磷灰石）形式存在骨骼及牙齿中，以 Mg^{2+} 形式存在于细胞内液中和植物体叶绿素中。

生理功能：能抑制神经及肌肉的兴奋；是参与代谢的许多酶的激活剂。对植物的光合作用有十分重要的作用。

镁和钙的性质都很活泼，因此它们在自然界中都以化合态存在，分布最广的是它们的碳酸盐。如菱镁矿（$MgCO_3$）、白云石[$MgCa(CO_3)_2$]、石灰石和方解石（$CaCO_3$）等。

镁和钙都是化学性质很活泼的金属，所以它们都具有很强的还原性，在空气中能和氧气化合，使表面失去光泽。

$$2Mg + O_2 \rightleftharpoons 2MgO$$
$$2Ca + O_2 \rightleftharpoons 2CaO$$

钙比镁更活泼，钙曝露在空气中立刻被氧化，表面生成一层疏松氧化物，对内部不起保护作用，所以钙必须保存在密闭的容器中。而镁能生成一层致密的氧化镁薄膜，阻止它继续被氧化，所以镁在空气中是稳定的。镁在空气中燃烧，发出炫目白光，所以可以用镁制造照明弹和照相镁灯，广泛用于飞机和导弹制造工业。镁是很好的还原剂，如钛、铀的冶炼，就可以用镁作还原剂。钙也可用来制取合金，如含 1%钙的铅合金可作轴承材料。

2. 镁和钙的化合物

（1）氧化物和氢氧化物

氧化镁（MgO）又叫苦土，是一种难熔的白色粉末。熔点为 2800℃，是优良耐高温材料，可以制造耐火砖、耐火管、坩埚和金属陶瓷，氧化镁能与水缓慢反应生成氢氧化镁（$Mg(OH)_2$），同时放出热量。

氢氧化镁（$Mg(OH)_2$）是白色粉末，溶解度很小，它是一种中等强度的碱。氢氧化镁在医药上常配成乳剂，称镁乳，作为轻泻剂，也有抑制胃酸的作用。它还用于制造牙膏、牙粉。

氧化钙（CaO）俗称生石灰，简称石灰。可做坩埚和高温炉内衬。最重要的用途是用在建筑工业上。氧化钙很容易与水反应生成氢氧化钙（这一过程叫作生石灰的消化和熟化）

并放出大量的热。

氢氧化钙（$Ca(OH)_2$）俗名熟石灰或消石灰，它的饱和水溶液叫作"石灰水"，呈碱性（比氢氧化镁的碱性略强）。它在空气中能吸收 CO_2 生成白色 $CaCO_3$ 沉淀。

$$Ca(OH)_2 + CO_2 \longrightarrow CaCO_3\downarrow + H_2O$$

这一反应常用来检验 CO_2 气体。

氢氧化钙是一种重要的建筑材料，在化学工业上用以制造漂白粉。

（2）盐类

氯化镁（$MgCl_2$）是无色晶体，味苦，有很强的吸水性。因此纺织工业上常用它来保持棉线的湿度而使其柔软。氯化镁（30%）和氧化镁（70%）混合，经过强热生成碱式盐，这种碱式盐很容易硬化，用于制作建筑上的耐高温水泥。

硫酸钙（$CaSO_4 \cdot 2H_2O$）俗称石膏，是含有两个分子结晶水的固体，在加热到 160~200℃时，失去 3/4 分子结晶水而变成熟石膏（$2CaSO_4 \cdot H_2O$）。熟石膏与水混合成糊状，很快凝固和硬化，重新变成 $CaSO_4 \cdot 2H_2O$。由于这种性质可以铸造模型和雕像，在外科上用做石膏绷带。

碳酸钙（$CaCO_3$）是白色固体，不溶于水，但能溶于含有 CO_2 的水中，生成可溶性的碳酸氢钙，两者可以相互转化：

$$CaCO_3 + CO_2 + H_2O \Longleftrightarrow Ca(HCO_3)_2$$

自然界中的石灰石、大理石、白垩等，主要成分是 $CaCO_3$，所以溶洞的形成，即石灰石长期受到饱和的 CO_2 水浸蚀而成。同时溶洞中悬挂的钟乳石，则是 $Ca(HCO_3)_2$ 长期流滴转化为 $CaCO_3$ 的结果，我国有很多著名的溶洞。

$CaCO_3$ 是建筑、冶金、颜料及制粉笔的材料，大理石更是高级建筑材料。

硫酸镁（$MgSO_4$）易溶于水，溶液带有苦味，在干燥空气中易风化而成粉末。常温时在水中结晶，析出无色易溶于水的化合物 $MgSO_4 \cdot 7H_2O$，它在医药上被用做泻药，又称轻泻剂。

（3）硬水的软化

水是日常生活和工农业生产中不可缺少的物质。水质的好坏对生产和生活影响很大。天然水和空气、岩石、土壤等长期接触，溶解了许多无机盐类（如钙和镁的酸式碳酸盐、碳酸盐、氯化物、硫酸盐、硝酸盐等）和某些可溶性的有机化合物及气体等。也就是说，天然水中一般含有 Ca^{2+}、Mg^{2+} 等阳离子和 HCO_3^-、CO_3^{2-}、Cl^-、SO_4^{2-}、NO_3^- 等阴离子。各地的天然水中含有这些离子的种类和数量有所不同，有的天然水中含有 Ca^{2+}、Mg^{2+} 比较多，有的天然水中则含的比较少。

工业上通常把含有较多的 Ca^{2+}、Mg^{2+} 的水叫作硬水；把含有少量或不含 Ca^{2+}、Mg^{2+} 的水叫作软水。

硬水分为暂时硬水和永久硬水两种。含有钙、镁酸式碳酸盐的硬水叫作暂时硬水，因为暂时硬水经过煮沸以后酸式碳酸盐就分解，生成不溶性的碳酸盐沉淀而除去。

$$Ca(HCO_3)_2 \xrightarrow{\triangle} CaCO_3\downarrow + H_2O + CO_2\uparrow$$

$$Mg(HCO_3)_2 \xrightarrow{\triangle} MgCO_3\downarrow + H_2O + CO_2\uparrow$$

含有钙和镁的硫酸盐或氯化物的硬水叫作永久硬水，它们不能用煮沸的方法除去。硬水既不宜用于家庭洗涤，也不宜在工业上应用。例如：用硬水洗衣服时，会使肥皂形成不溶性的硬脂酸钙和硬脂酸镁，不仅浪费肥皂而且衣服也洗不干净。

工业锅炉如使用硬水，锅炉壁可生成不溶性沉淀，俗称"锅垢"（水垢），由于锅垢不易传热，不仅消耗燃料，严重的还会使锅炉产生裂缝造成局部过热，可以引起锅炉爆炸。很多工业部门如纺织、印染、造纸、制药、化工、电厂等均要求使用软水。所以在使用硬水前，必须减少其中钙盐和镁盐的含量，这种过程叫作硬水的"软化"。水的软化方法很多，下面介绍两种目前最常用的方法。

① 化学软化法。化学软化法是指在水中加入化学试剂，以使水中溶解的钙盐、镁盐变成溶解度极低的化合物（沉淀物）从水中析出，从而达到除去钙、镁等成分的目的。例如：

$$Ca(HCO_3)_2 + Ca(OH)_2 == 2CaCO_3\downarrow + 2H_2O$$
$$Mg(HCO_3)_2 + Ca(OH)_2 == CaCO_3\downarrow + MgCO_3\downarrow + 2H_2O$$
$$Ca(HCO_3)_2 + Na_2CO_3 == CaCO_3\downarrow + 2NaHCO_3$$
$$MgSO_4 + Na_2CO_3 == MgCO_3\downarrow + Na_2SO_4$$
$$CaSO_4 + Na_2CO_3 == CaCO_3\downarrow + Na_2SO_4$$

目前铁路蒸汽机车就是在水中加入一定数量的磷酸钠（Na_3PO_4）和磷酸氢二钠（Na_2HPO_4），使 Ca^{2+}、Mg^{2+} 沉淀出来达到软化的目的，其主要反应如下：

$$3CaSO_4 + 2Na_3PO_4 == Ca_3(PO_4)_2\downarrow + 3Na_2SO_4$$
$$3MgSO_4 + 2Na_3PO_4 == Mg_3(PO_4)_2\downarrow + 3Na_2SO_4$$

用这种方法的优点是不需要将产生的 $Ca_3(PO_4)_2$ 和 $Mg_3(PO_4)_2$ 沉淀除去，就可以直接放入锅炉使用，因为钙和镁的磷酸盐沉淀颗粒松散成棉絮状，不会在锅炉内形成锅垢。此外，Na_3PO_4 还能与已形成的锅垢起作用使其逐渐松软而脱落，并能在锅炉壁上形成磷酸盐保护膜，保护锅炉不受腐蚀，延长锅炉的使用寿命。

② 离子交换软化法。离子交换软化法是用有离子交换能力的阳离子或阴离子物质交换水中离子的方法。离子交换法软化水的原理，主要在与水中离子和离子交换树脂中可游离交换的同性离子间的交换过程。工业中现多采用一种含有 H^+ 的交换树脂，其结构复杂，用"RH"表示，用其处理硬水，效果极佳。

$$Ca^{2+} + 2RH \rightarrow CaR_2 + 2H^+$$

此种含有 H^+ 的交换树脂，称为阳离子交换树脂，如磺化聚苯乙烯。用阳离子交换树脂处理过的软水，再用阴离子交换树脂处理，即可得到"无离子"水或"去离子"水。阴离子交换树脂用 R^+OH^- 表示，当不纯的水通过 ROH 时就发生如下反应：

$$R^+OH^- + SO_4^{2-} \rightarrow R_2SO_4 + 2OH^-$$

这样处理的水中只含有 H^+ 和 OH^-，可用于高压锅炉及人体注射用水。失去交换能力的交换树脂，可用一定浓度的强酸如 HCl 和强碱如 NaOH 分别处理，使离子交换树脂获得再生能力，继续使用。如：

$$CaR_2 + 2HCl \rightarrow CaCl_2 + 2R^-H^+$$
$$R_2SO_4 + NaOH \rightarrow R^+OH^- + Na_2SO_4$$

离子交换树脂还可用来淡化海水、提取贵金属、稀有元素和制药。此法效果好、设备少、占地面积小，又可重复使用。

（三）铝及其重要的化合物

1. 铝（Al）

铝是银白色的轻金属，密度为 $2.7g/cm^3$，熔点为 660℃。延展性好，可以抽成细丝，也可以压成薄片成为铝箔，用来包装胶卷、糖果等。铝的导电性、导热性都很好，在工业上常用铝代替铜作导线、热交换器和散热材料等，也可做成各种炊事用具。铝在粉末状态仍能保持原有金属光泽，并有一定的耐腐蚀能力，因而可用铝粉与某些油漆混合制成银白色的防锈油漆。铝还可以跟许多元素形成合金。因铝合金质轻而坚韧，它在汽车、火箭等制造业，以及日常生活中具有广泛的用途。

在空气中，铝因表面形成氧化物薄膜的保护作用，而对水、硫化物、浓硝酸和一切有机酸类都有耐腐蚀能力。故在硝酸、石油、炸药、制药、冷藏等工业中广泛用于制造设备。如果用铝粉与油漆混合，可用做装潢涂料和涂刷储油罐外壁，不仅防腐，还反射强光，保持油罐内部温度不升高。

2. 铝的化合物

（1）氧化铝（Al_2O_3）

氧化铝是一种白色固体，熔点为 2050℃，不溶于水。天然存在的纯净 Al_2O_3 称为刚玉，其硬度仅次于金刚石。天然刚玉的矿石中常因含少量杂质而显不同颜色，俗称宝石。如含有铁和钛的氧化物时呈蓝色，俗称蓝宝石；含有微量铬时，呈红色，俗称红宝石。人工烧结的氧化铝称为人造刚玉。

人造刚玉有许多优良性质，如硬度大（仅次于金刚石），耐高温达 2000℃以上，抗酸、碱的腐蚀（包括 HF 和 NaOH）等。它是贵重的装饰品，在精密仪器工业中用于轴承及钟表的钻石，人造刚玉粉可用作抛光剂。

氧化铝不溶于水，但新制备的氧化铝能与酸或碱反应。

$$Al_2O_3 + 6HCl = 2AlCl_3 + 3H_2O$$

$$Al_2O_3 + 2NaOH = 2NaAlO_2 + H_2O$$

因此，氧化铝具有两性，是一种两性氧化物。

（2）氢氧化铝（$Al(OH)_3$）

Al_2O_3 的水合物，一般都称为氢氧化铝。$Al(OH)_3$ 是一种白色难溶的胶状物质，它能凝聚水中的悬浮物，又有吸附色素的性能。氢氧化铝凝胶在医药上还是一种良好的抗酸药，可用于治疗消化性溃疡病。在实验室里通常用铝盐溶液跟氨水反应制取氢氧化铝。

氢氧化铝既能跟酸反应，生成盐和水，又能跟强碱反应，生成盐和水，故其也具有两性，是两性氢氧化物。它在水溶液中可以按下列两种形式电离：

$$Al^{3+} + 3OH^- \rightleftharpoons Al(OH)_3 \rightleftharpoons H^+ + AlO_2^- + H_2O$$

加酸时，上式平衡向左移动，生成含 Al^{3+} 的铝盐；加碱时，上式平衡向右移动，生成含 AlO_2^- 的偏铝酸盐。

（3）硫酸铝和明矾

硫酸铝[$Al_2(SO_4)_3 \cdot 18H_2O$]和明矾[$KAl(SO_4)_2 \cdot 12H_2O$]溶于水后，水解生成 $Al(OH)_3$。

$$Al^{3+} + 3H_2O \rightleftharpoons Al(OH)_3（胶体）+ 3H^+$$

它们水解所产生的 $Al(OH)_3$ 胶体具有很强的吸附能力，可吸附水中的杂质，并形成沉淀，使水澄清。因此，硫酸铝和明矾是一种较好的净水剂，也用以裱糊纸张、澄清油脂、石油脱臭、除色等。

（四）铁及其重要的化合物

1. 铁的性质

铁（Fe）是一种微量元素，以 Fe^{2+} 的形式存在于血红素分子中，并以血红蛋白和肌红蛋白的形式存在于细胞中。铁是植物中叶绿素合成酶的主要成分，是细胞色素氧化体系及过氧化氢酶的组成成分。

生理功能：动物体中合成血红蛋白和肌红蛋白，参与机体内 O_2 和 CO_2 的运输；合成多种氧化酶类，在生物氧化中传递电子；参与叶绿素的合成而影响植物的光合作用。

纯铁是具有银白色金属光泽的金属，密度为 7.86g / cm³，熔点为 1535℃，有良好的导电性、导热性和延展性。还能被磁铁吸引，具有铁磁性，是制造发电机和电动机必不可少的材料。

铁原子的最外层电子上有2个电子,在化学反应中容易失去电子而成为+2价的阳离子。铁在化学反应中还能再失去次外层上的一个电子而成为+3价的阳离子。所以,铁在化合物中通常都显+2价和+3价。

（1）与非金属的反应

在常温下,铁在干燥的空气里与氧、硫、氯等典型的非金属不起显著的反应,因此,工业上可用钢瓶储存干燥的氯气和氧气。但在高温下,铁能与氧、硫、氯等非金属反应:

$$3Fe + 2O_2 \xrightarrow{\text{高温}} Fe_3O_4$$
$$Fe + S \xrightarrow{\text{高温}} FeS$$
$$2Fe + 3Cl_2 \xrightarrow{\text{高温}} 2FeCl_3$$

（2）与水的反应

红热的铁与水蒸气起反应,生成四氧化三铁和氢气。

$$3Fe + 4H_2O(g) \xrightarrow{\text{高温}} Fe_3O_4 + 4H_2$$

在常温下,铁与水不起反应,但在潮湿空气中,铁在水、氧气、二氧化碳等共同的作用下,易发生电化学腐蚀而生锈,铁锈的主要成分是Fe_2O_3。

（3）与酸的反应

铁能与盐酸、稀硫酸发生置换反应:

$$Fe + 2HCl == FeCl_2 + H_2\uparrow$$
$$Fe + 2H_2SO_4 == FeSO_4 + H_2\uparrow$$

但与很稀的硝酸作用则生成NO:

$$3Fe + 8HNO_3 = 3Fe(NO_3)_2 + 2NO\uparrow + 4H_2O$$

而与具有强氧化性的浓硝酸作用,生成一层致密的氧化物薄膜而发生钝化现象,因而储存浓硫酸和浓硝酸的容器与管道也可用钢、铸铁的制品。

（4）与盐溶液的反应

铁也能与某些盐溶液发生置换反应,置换出较不活泼的金属。例如:

$$Fe + CuCl_2 == FeCl_2 + Cu$$

2. 铁的重要化合物

（1）铁的氧化物

铁的氧化物有氧化亚铁（FeO）、氧化铁（Fe_2O_3）和四氧化三铁（Fe_3O_4）等。

氧化亚铁是一种黑色粉末,不稳定,在空气中加热,即迅速被氧化成四氧化三铁。

氧化铁是一种红棕色粉末,俗称铁红,它可被用做油漆的颜料等。

四氧化三铁是具有磁性的黑色晶体，俗称磁性氧化铁。它是一种复杂的化合物，常用做颜料和擦光剂等。特制的磁性氧化铁可以制造录音磁带和电信器材。

铁的氧化物都不溶于水，也不能与水起反应。氧化亚铁和氧化铁都能与酸起反应，分别生成亚铁盐和铁盐。

$$FeO + 2H^+ === Fe^{2+} + H_2O$$
$$Fe_2O_3 + 6H^+ === 2Fe^{3+} + 3H_2O$$

（2）铁的氢氧化物

铁的氢氧化物有氢氧化亚铁（$Fe(OH)_2$）和氢氧化铁（$Fe(OH)_3$）两种，这两种氢氧化物都可用相应的可溶性铁盐和碱溶液反应制得。

氢氧化亚铁是白色絮状沉淀，它在空气里不稳定，能被氧化成红褐色的氢氧化铁。在氧化过程中，颜色由白变为灰绿，最终变为红褐色。

$$4Fe(OH)_2 + O_2 + 2H_2O === 4Fe(OH)_3$$

氢氧化亚铁和氢氧化铁都是不溶性碱，它们能与酸反应，分别生成亚铁盐和铁盐。

$$Fe(OH)_2 + 2H^+ === Fe^{2+} + 2H_2O$$
$$Fe(OH)_3 + 3H^+ === Fe^{3+} + 3H_2O$$

氢氧化铁不稳定，受热易分解：

$$2Fe(OH)_3 \xrightarrow{\triangle} Fe_2O_3 + 3H_2O$$

（3）铁盐和亚铁盐

铁的盐类有亚铁盐（二价铁盐）和铁盐（三价铁盐）两种，常见的亚铁盐和铁盐有：

① 硫酸亚铁（$FeSO_4$）。硫酸亚铁晶体（$FeSO_4 \cdot 7H_2O$）含有 7 分子结晶水，是淡绿色晶体，又称绿矾，易溶于水。绿矾在潮湿的空气中能逐渐被氧化而变成黄棕色的碱式硫酸铁，因此，绿矾需保存在密闭容器内。

绿矾在农业上用做杀菌剂，它也是一种微量元素肥料，可防治小麦黑穗病和条纹病等，植物缺铁时叶子发黄。在医药上作内服药用于治疗缺铁性贫血；工业上用于制造蓝黑墨水和媒染剂；也可用于木材防腐。

② 氯化铁（$FeCl_3$）。氯化铁是棕黄色固体，吸湿性很强，易溶于水。在水溶液中易水解生成红褐色沉淀。

$$FeCl_3 + 3H_2O === Fe(OH)_3 \downarrow + 3HCl$$

因此，在配制 $FeCl_3$ 溶液时需加少量的 HCl，防止其水解。

氯化铁在医药上用做止血剂。

二价铁的化合物，在较强的氧化剂的作用下，会被氧化成三价铁的化合物。例如，氯化亚铁溶液遇到氯水时生成氯化铁：

$$2FeCl_2 + Cl_2 = 2FeCl_3$$

三价铁的化合物，在还原剂的作用下，会被还原成二价铁的化合物。例如，氯化铁溶液中加入铁粉时，生成氯化亚铁：

$$2FeCl_3 + Fe = 3FeCl_2$$

铁离子的鉴别详见实验五。

二、动、植物体内其他主要金属元素的存在形式及作用

1. **锌（Zn）** 微量元素，以 Zn^{2+} 形式构成多种酶和激素的成分。

生理功能：参与蛋白质等多种物质的代谢，促进伤口愈合及生殖器官发育，增强免疫功能；影响生长素的合成，防止生长停滞及味觉障碍。

2. **铜（Cu）** 微量元素，以 Cu^{2+} 形式构成细胞色素氧化酶、铜蛋白、过氧化氢酶和植物体中质蓝素。

生理功能：参与人及动物体的生物氧化，促进能量代谢；促进血红蛋白的合成及红细胞的发育，参与造血过程。参与植物体光合作用中电子传递和氧化还原反应。

3. **钴（Co）** 微量元素，以 Co^{3+} 形式组成维生素 B_{12} 和动物体内的一些酶。

生理功能：参与动物体中核酸（一碳基团）的代谢和造血过程，促进红细胞生长发育。

4. **锰（Mn）** 微量元素，以 Mn^{2+} 形式组成一些酶及激活剂。是植物叶绿体的结构成分，在幼嫩组织中含量较多。

生理功能：影响生物氧化，能维持动物骨结构、生殖和中枢神经系统的正常生理机能。稳定植物中叶绿体膜系统，参与光合作用放氧过程；促进蛋白质和糖的合成，防止植物缺绿症。

5. **钼（Mo）** 微量元素，以 Mo^{3+} 形式构成黄嘌呤氧化酶、醛氧化酶及植物体固氮酶、硝酸还原酶等。

生理功能：促进动物机体中氧化过程，防止尿结石和痛风症。在植物固氮反应中发挥重要作用，能参与农作物体内硝酸酶的还原，促进蛋白质合成。

身边的化学

缺铁性贫血

生活中经常有人会患贫血症，如脸色苍白、头昏眼花、疲乏无力等。贫血的原因很多，其中80%以上的是缺铁性贫血，又叫营养性贫血。1997年，我国政府颁布了《中国营养改善行动计划》，其中包括消除铁缺乏，改善营养性贫血。因为亚铁离子是血液中血红蛋白的核心，起着输送氧气和二氧化碳的作用，当缺乏铁时，就易患贫血症。

补铁是一个渐进的过程，人体需要的铁除了从饮食中摄取外，铁锅烹饪也是重要的铁来源。用铁锅烹调食物时，借助于化学作用会使食物中的含铁量增加，从而满足人体对铁的部分需要，故用铁锅炒菜对人体有益。补铁的同时还需注意多吃新鲜果蔬，因新鲜果蔬中富含维生素C，维生素 C 的还原性能使食物中铁离子(Fe^{3+})还原成易被人体吸收的亚铁离子(Fe^{2+})。改善营养性贫血常用的保健品有补铁口服液、补铁剂、富铁食物等。我国选用酱油作为铁强化食物的载体，因酱油可以促进人体对铁的吸收，而且在日常生活中应用普遍。

习　　题

1. 填空题

（1）红磷在氧气中剧烈地燃烧，产生＿＿＿＿＿，生成＿＿＿＿＿＿＿。

（2）氯气溶于水生成氯水，并和水发生反应生成＿＿＿＿＿和 ＿＿＿＿＿。

（3）次氯酸是很强的＿＿＿＿＿，具有杀菌和漂白能力，还可使有机色素褪色，故＿＿＿＿可用做漂白剂。漂白粉的主要成分是＿＿＿＿＿＿＿，84 消毒液的主要成分是＿＿＿＿＿。

2. 选择题

（1）生活中常用到一些化学知识，下列分析中不正确的是（　　　）。

A．医疗上可用硫酸钡做 X 射线透视肠胃的内服药，是因为硫酸钡不溶于水

B．某雨水样品放置一段时间后 pH 值由 4.68 变为 4.28，是因为水中溶解的 CO_2 增多

C．氯气可用做消毒剂和漂白剂，是因为氯气与水反应生成的次氯酸具有强氧化性

D．加碘食盐中添加碘酸钾而不用碘化钾，是因为碘酸钾能溶于水而碘化钾不溶于水

（2）下列实验室中保存下列试剂，有错误的是（　　　）。

A．溴化银保存在棕色瓶中　　　　B．碘易升华，保存在盛有水的棕色试剂瓶中

C．液溴易挥发，盛放在用水密封的、用玻璃塞塞紧的棕色试剂瓶中

D．浓盐酸易挥发，盛在无色密封的玻璃瓶中

（3）氯气是化学性质很活泼的非金属单质，它具有较强的氧化性，下列叙述中不正确的是（　　）。

A．红热的铜丝在氯气里剧烈燃烧，生成棕黄色的烟

B．钠在氯气中燃烧，生成白色的烟

C．纯净的 H_2 在 Cl_2 中安静地燃烧，发出苍白色火焰，集气瓶口呈现白色烟雾

D．氯气能与水反应生成次氯酸和盐酸，久置氯水最终变为稀盐酸

（4）碘缺乏病是目前已知的导致人类智力障碍的主要原因，为解决这一全国性问题，我国已经开始实施"智力工程"，最经济可行的措施是（　　）。

A．食盐加碘　　　B．饮用水加碘　　　C．大量食用海带　　　D．注射含碘药剂

（5）下列关于浓硫酸的叙述，错误的是（　　）。

A．常温下可使某些金属钝化　　　B．具有脱水性，因此可以作为干燥剂

C．溶于水放出大量的热量　　　D．是难挥发的黏稠状液体

3．简答题

（1）小苏打和氢氧化铝凝胶为什么在医药上可用作抗酸药？写出化学方程式。

（2）铝锅表面上既然有一层氧化物保护膜，为什么不宜用碱水洗或盛放酸性食物？

第二章　分　散　系

【知识目标】

1. 掌握分散系的分类。
2. 掌握溶液组成标度的常用表示方法，并会配制一定组成标度的溶液。
3. 掌握溶液的稀释、浓缩和混合。
4. 掌握溶胶的基本性质。

【技能目标】

1. 通过溶液组成标度的表示，会配制一定组成标度的溶液。
2. 通过溶液稀释、浓缩和混合，会配制一定浓度的溶液。

分散系是指一种（或几种）物质分散在另一种（或几种）物质中所形成的系统，它由分散质和分散剂两部分组成。分散系中被分散的物质叫作分散质，容纳分散质的物质叫作分散剂。

分散系根据分散质直径的大小可以分为：溶液、胶体和浊液，分散系的分类见表 2-1。

表 2-1　分散系的分类

分散系	分散质颗粒直径（nm）	分散质粒子组成	一般性质	实例
溶液（分子离子分散系）	$d<1nm$	分子或离子	均一、透明、稳定，能透过滤纸和半透膜	NaCl、葡萄糖等水溶液
胶体（胶体分散系）	$1nm<d<100nm$	许多分子胶粒、高分子、胶体	均一、透明、较稳定，能透过滤纸，不能透过半透膜	氢氧化铁胶体、碘化银胶体、豆浆等
浊液（粒状分散系）	$d>100nm$	巨大数目分子粗粒子	不均一、不透明、不稳定，不能透过滤纸，不能透过半透膜	油水混合物、泥浆等

第一节　溶液及其组成标度

一、溶液

1．定义

一种物质（或几种物质）以分子或离子状态分散在另一种物质里，形成的均一、稳定的混合物体系叫作溶液。例如把食盐溶解于水中成为食盐水。

溶液是由溶质和溶剂组成的。我们把能溶解其他物质的一类物质叫溶剂；被溶剂所溶解的物质叫溶质。对食盐水溶液来说，水是溶剂，食盐是溶质。水能溶解很多物质，是最常用的溶剂。此外，汽油、酒精、丙酮、四氯化碳等也常用作溶剂。例如，四氯化碳、汽油等能溶解油脂。

溶质可以是固体，也可以是液体或气体。固体、气体溶于液体时，固体、气体是溶质，液体是溶液。如消毒用的碘酒，就是将碘溶在酒精中得到的碘的酒精溶液（碘酊）。

溶质和溶剂是相对的，如果两种液体彼此溶解形成溶液，通常把含量较多的称为溶剂，含量较少的称为溶质。例如，酒精的水溶液，通常把水看成溶剂，酒精看成溶质；但对较浓的酒精溶液来说，也可以把酒精看成溶剂，把水看成溶质，它们之间并没有明确的界限。

2．溶液的特征

溶液是粒径<1nm（大分子溶液除外）均匀透明的连续相单相系统，任何一部分的化学性质、物理性质相同。

3．溶液的组成

溶质：被溶解的物质，可以是固、气、液三种状态。

溶剂：溶解溶质的物质，包括有机溶剂和无机溶剂。

二、溶液的组成标度

溶液的组成是指一定量的溶液或溶剂中所含溶质的量。溶液的组成标度在应用时习惯称为溶液的浓度。在农畜牧业常用质量分数、体积分数、物质的量浓度、质量浓度等来表示溶液的组成标度。

1．质量分数

质量分数的定义：用溶质 B 的质量占溶液质量的分数来表示溶液的组成，即溶质 B 的质量（m_B）除以溶液的质量（m），称为溶质 B 的质量分数（结果可用小数或百分数表示）。

常用符号 ω_B 表示。

$$溶质 B 的质量分数 = \frac{溶质的质量}{溶液的质量} \qquad 即 \quad \omega_B = m_B/m$$

【例题 1】在 30g 氯化钾溶液中，含有 1.8g KCl。该溶液中 KCl 的质量分数为：

$$\omega_{KCl} = \frac{1.8g}{30g} = 0.06 \quad 或 \quad \omega_{KCl} = \frac{1.8g}{30g} \times 100\% = 6\%$$

2. 体积分数

当溶液和溶质均为液体时，可以利用两者的体积比来表示溶质的浓度大小。体积分数的定义：用溶质 B 的体积占溶液体积的分数来表示溶液的组成，即溶质 B 的体积（V_B）除以同温同压下溶液的体积（V），称为溶质 B 的体积分数（结果可用小数或百分数表示）。用符号 φ_B 表示。

$$溶质 B 的体积分数 = \frac{溶质体积}{溶液体积} \qquad 即 \quad \varphi_B = V_B/V$$

【例题 2】医学上所用消毒酒精体积分数为 0.75，就是 100mL 酒精溶液中含纯酒精 75mL。配制时取纯酒精 75mL 加水稀释至 100mL 即成。

$$\varphi_{酒精} = V_{酒精}/V = 75mL/100mL = 0.75 = 75\%$$

3. 质量浓度

适用于溶质是固体，溶剂是液体的溶液。在许多场合取用溶液时，不是称量溶液的质量，而是量取溶液的体积更为方便。

用 1L 溶液里所含溶质 B 的质量表示的溶液组成称为质量浓度，即溶质 B 的质量除以溶液的体积。用符号 ρ_B 表示，常用单位为 g / L 或 mg / L。（SI 单位为 kg / m³）

$$溶质 B 的质量浓度 \rho_B（g/L）= \frac{溶质质量}{溶液体积} \qquad 即 \quad \rho_B = m_B/V$$

如用 50g 葡萄糖配成 1000mL 溶液，则该溶液的质量浓度 $\rho_{葡萄糖} = 50g/L$。

注意：质量浓度 ρ_B 与密度 ρ 的区别，ρ_B 是溶质质量除以溶液体积，ρ 是溶液质量除以溶液体积。如市售浓硫酸的 $\rho_{浓硫酸} = 1.77\ kg/L$ 表示每升该溶液中溶质 H_2SO_4 质量为 1.77kg；而浓硫酸的 $\rho = 1.84\ kg/L$ 则表示每升该溶液的质量为 1.84kg。两者含义不同，不可混淆。

溶质 B 应以下角标或括号的形式予以说明，例如 NaCl 溶液的质量浓度可记为 ρ_{NaCl} 或 $\rho(NaCl)$。

【例题 3】如按照我国药典规定，注射用生理盐水的规格是 1L 生理盐水中含 NaCl 的质量为 9g。某病畜滴注了生理盐水 0.5 L，问此生理盐水的 ρ_B 是多少？进入病畜体内的 NaCl 质量是多少?

解:(1)∵ V=1L ; m_{NaCl}= 9g

∴ $\rho_{NaCl}= m_{NaCl}/V = 9g/1L = 9g/L$

（也可表示为 0.9%，即 100mL 的生理盐水中含 NaCl 0.9g）。

(2)∵ $V_{进入}$=0.5L

∴ $m_{NaCl}= \rho_{NaCl}V_{进入} = 9g/L \times 0.5L = 4.5g$

答:注射用生理盐水的质量浓度为 9g/L。进入该病畜体内的 NaCl 有 4.5g。

4. 物质的量浓度

物质的量浓度是指以单位体积溶液里所含溶质 B 的物质的量来表示溶液组成的物理量，称为溶质 B 的物质的量浓度，用符号 c_B 表示（通常所说"物质 B 的浓度"，即指该物质的物质的量浓度）。表达式为:

$$c_B = \frac{n_B}{V}$$

c_B 的常用单位为 $mol \cdot L^{-1}$（SI 单位为 mol/m^3）。

式中 n_B——溶质 B 的物质的量 mol;

V——溶液的体积。故溶质 B 的物质的量浓度就是溶质 B 的物质的量除以溶液的体积。在实际应用中，可换算为:

$$n_B = c_B \times V$$

按规定，溶质 B 的基本单元必须予以指明，即分子或离子。例如，1L NaCl 溶液中含有 0.3mol NaCl，则 NaCl 的物质的量浓度为:

$$c_{NaCl} = \frac{n_{NaCl}}{V} = \frac{0.3mol}{1L} = 0.3mol/L$$

物质的量浓度应用和有关计算如下。

（1）已知溶质的质量和溶液的体积，计算溶液的物质的量浓度

【例题4】 在 100mL 氢氧化钠溶液中，溶有 4g NaOH。试求 NaOH 的物质的量浓度。

解:氢氧化钠的摩尔质量 M=40 g/mol。

$$n_{NaOH} = m/M = \frac{4g}{40g/mol} = 0.1mol$$

NaOH 的物质的量浓度

$$c_{NaOH} = \frac{n_{NaOH}}{V} = \frac{0.1mol}{\frac{100}{1000}L} = 1mol/L$$

答：NaOH 物质的量浓度是 1mol·L^{-1}。

（2）已知溶液的物质的量浓度，计算一定体积溶液所含溶质的质量

【例题 5】配制 0.2mol·L^{-1} 碳酸钠（Na$_2$CO$_3$）溶液 0.5L，需称取固体 Na$_2$CO$_3$ 多少克？

解：已知 Na$_2$CO$_3$ 的摩尔质量为 M=106g/mol

则 0.5L 0.2mol·L^{-1} Na$_2$CO$_3$ 溶液中含 Na$_2$CO$_3$ 的物质的量为：

$$n_{Na2CO3} = c_{Na2CO3} \times V = 0.2mol \cdot L^{-1} \times 0.5L = 0.1mol$$
$$需 Na_2CO_3 的质量为$$
$$m_{Na2CO3} = n_{Na2CO3} \times M_{Na2CO3} = 0.1mol \times 106g/mol = 10.6g$$

答：需称取固体 Na$_2$CO$_3$ 10.6g。

（3）已知发生反应的两种物质中一种物质的量及另一物质溶液的浓度（或体积），求另一溶液的体积（或浓度）

【例题 6】完全中和 1L 0.5mol·L^{-1} 的氢氧化钠（NaOH）溶液，使之生成硫酸钠（Na$_2$SO$_4$），需要 1mol·L^{-1} 的硫酸（H$_2$SO$_4$）溶液多少升？

解：氢氧化钠与硫酸中和的化学反应方程式为：

$$2NaOH + H_2SO_4 == Na_2SO_4 + 2H_2O$$
$$2mol \qquad 1mol$$

1L 0.5mol·L^{-1} 氢氧化钠溶液中含有 NaOH 物质的量为：

$$n_{NaOH} = c_{NaOH} \times V = 0.5mol \cdot L^{-1} \times 1L = 0.5mol$$

中和 0.5mol 的 NaOH 需要 H$_2$SO$_4$ 的物质的量为：

$$n_{H2SO4} = 0.5mol \times 1/2 = 0.25mol$$

则需 1mol·L^{-1} H$_2$SO$_4$ 溶液的体积 $V_{H2SO4} = \dfrac{0.25mol}{1mol/L} = 0.25L$

答：完全中和 1L 0.5mol·L^{-1} NaOH 溶液需 1mol / L 硫酸溶液 0.25L。

5. 比例浓度

用溶质的体积（或质量）与溶剂的体积的比例来表示的溶液组成称为比例浓度。

例如（1∶4）盐酸是指 1 体积的浓 HCl 溶解在 4 体积的水中配成的溶液。

再如用做消毒剂的（1∶2000）高锰酸钾溶液，是指 1g KMnO$_4$ 溶解在 2000 mL 水中配成的溶液。

6. 百万分浓度

此浓度适用于极稀的溶液。用溶质质量占全部溶液质量的百万分比来表示的溶液组成称为百万分浓度（也叫 ppm 浓度）。

如兽用 80ppm 的氯霉素滴眼液，指的是 100 万份质量的滴眼液中仅含 80 份质量的氯霉素。

7. 滴定度

在滴定分析中为了计算方便，常用滴定度表示标准溶液的浓度。滴定度是指每毫升标准溶液中所含溶质的克数或每毫升标准溶液相当于被测物质的克数。常以"T"表示。

标准溶液以每毫升溶液中所含溶质的克数表示时，称为直接滴定度，以 T_M 表示，M 为标准溶液中物质的化学式。例如，T_{AgNO_3} = 0.007649g / mL，表示 1mL 溶液中含有 $AgNO_3$ 0.007649g。

以被测物质表示的滴定度，即每毫升标准溶液相当于被测物质的克数，常以 $T_{B/A}$ 表示。A 代表标准溶液中物质的化学式，B 代表被测物质的化学式。例如，$T_{Na_2CO_3/HCl}$ = 0.005300g / mL，表示每毫升 HCl 标准溶液相当于 0.005300g Na_2CO_3（1mL HCl 可与 0.0053g Na_2CO_3 完全反应）。

实际应用中，知道了某滴定液的滴定度，乘以滴定中用去滴定液的体积，就可直接得到被测物质的质量。例如，用 $T_{Fe/KMnO_4}$ = 0.0005800g / mL 的 $KMnO_4$ 标液滴定饲料级 $FeSO_4$ 中的 Fe，滴定时用去 22.00mL $KMnO_4$ 标液，则试样中铁的质量为：

$$m_{Fe} = T_{Fe/KMnO_4} \cdot V_{KMnO_4} = 0.005800g / mL \times 22.00mL = 0.1276g$$

三、常用的几种浓度之间的关系

1. 物质的量浓度与质量分数

如已知溶液的密度为 ρ，溶液中溶质 B 的质量分数为 ω_B，则该溶液的浓度可表示为：

$$c_B = \frac{n_B}{V} = \frac{m / M}{V} = \frac{\rho V \times \omega_B / M}{V} = \frac{\rho \times \omega_B}{M}$$

【例题 7】质量分数为 0.37，密度为 1.19g / mL 的浓盐酸，物质的量浓度是多少？

解：　已知盐酸的质量分数 ω_B=0.37；密度 ρ= 1.19g / mL

$\because$ $m_B = \rho \cdot V \cdot \omega_B$

而溶质的物质的量 $n_{浓} = \frac{m_{浓}}{M_{浓}} = \frac{1000mL \times \rho \times \omega_B}{M}$

又 $\because$ $c（浓）= \frac{n_B}{V}$　　　若将上式代入后

得：$c（浓）= \frac{1000mL \times 1.19g / mL \times 0.37}{36.5g / mol \times 1L}$

$\approx 12.06 mol \cdot L^{-1}$

2. 物质的量浓度与质量浓度

质量浓度 ρ_B 与物质的量浓度 c_B 之间的关系为：

$$c_B = \frac{n_B}{V} = \frac{m_B}{M_B V} = \frac{\rho_B}{M_B}$$

【例题8】注射用生理盐水 $\rho(NaCl) = 9g/L$，求生理盐水的物质的量浓度是多少？

解：

$$\rho(NaCl) = 9g/L，\quad M(NaCl) = 58.5g/mol$$

由公式换算：

$$c_{Nacl} = \frac{\rho_{Nacl}}{M_{Nacl}} = \frac{9g/L}{58.5g/mol} \approx 0.15mol \cdot L^{-1}$$

四、溶液的稀释、混合

因为浓溶液在稀释、混合、浓缩前后体积已发生了变化，但溶质的物质的量不变，即：
$n(浓) = n(稀)$

又因为： $n_B = c_B \times V$ 所以得到：

稀释前溶液浓度×稀释前溶液体积 ＝ 稀释后溶液浓度×稀释后溶液体积

$$c（浓）\cdot V（浓） = c（稀）\cdot V(稀) \quad 或者 c_1 \cdot V_1 = c_2 \cdot V_2$$

（注：式中 $c（浓）$ 和 $c（稀）$ 可以是 c_B、ρ_B 或 φ_B）

【例题9】 制取 100mL 0.2mol/L 的硫酸溶液，需 0.5mol/L 的硫酸溶液的体积为多少？

解：根据稀释公式 $c_1 \cdot V_1 = c_2 \cdot V_2$

可得：

$$V_1 = \frac{c_2 \cdot V_2}{c_1} = \frac{0.2mol/L \times 0.1L}{0.5mol/L} = 0.04L = 40mL$$

答： 需 $0.5mol \cdot L^{-1}$ 的硫酸溶液 4mL。

不同质量分数溶液的稀释配制方法

稀释配制不同质量分数的溶液时，常运用"十字交叉混合法则"（简称十字交叉法）进行计算，以便于记忆。

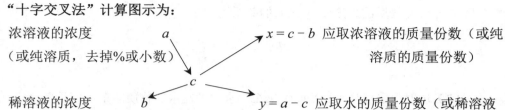

"十字交叉法"计算图示为：

说明： 1. c 为混合后需要配制的溶液浓度

2. 当用纯溶质配制溶液时，$a = 100$

3. 当用溶剂（水）配制时，$b = 0$

结论： 每取 x 份质量的浓溶液（纯溶质）兑入 y 份质量的水（稀溶液）混匀即可。

【例题 10】如何用 0.98 的浓硫酸稀释成 0.20 的稀硫酸？

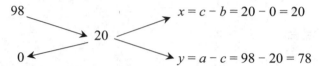

实际配制时，取 20 份质量 0.98 的浓硫酸兑入 78 份质量的水中混匀即可。

【例题 11】 如何用 40%的硝酸和 5%的硝酸混合，制成 20%的硝酸？

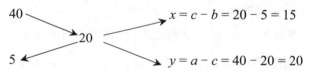

实际配制时，取 15 份质量的 40%硝酸和 20 份质量的 5%硝酸中混合均匀即可制成 20%的硝酸。

五、溶液的配制和稀释方法

在实际工作中用到的溶液常常需要自己完成配制工作。而市售的试剂往往是浓溶液，在工作中需要使用一些浓度较小的溶液时，也需自己临时配制或稀释。故溶液的配制及稀释是从事农、林、牧、医及加工类工作的人必须学会的基本技能。

1. 用固体试剂配制溶液的方法

（1）计算

根据前面所学的物质的量浓度（$m_B = c_B \cdot V \cdot M_B$）或质量分数（$m_B = \omega_B \cdot m$）的计算关系式，计算出所配溶液中需称取固体试剂的质量。

（2）称量

用托盘天平在洁净的容器或纸里称取所需质量的固体试剂。

（3）溶解

将称取的固体试剂放入小烧杯中，加入一定量的蒸馏水，用玻璃棒搅拌，使其溶解。

（4）转移与洗涤

将烧杯中已溶解完固体试剂的溶液，沿玻璃棒小心引流到所需体积的容量瓶中，用少量的蒸馏水（一般 5～10 mL）洗涤烧杯内壁及玻璃棒 2～3 次，并将每次洗涤后的液体全部转移到容量瓶中。容量瓶是准确配制一定物质的量浓度溶液所用的长颈、大肚玻璃容器。瓶身标有指定温度下的容积和标线。容量瓶的磨口瓶塞和瓶身是配套的，不能混用（容量瓶的使用见实验一）。

（5）定容

继续将蒸馏水沿瓶颈注入容量瓶中，直到液面距刻度线 1~2cm 处时，改用胶头滴管缓慢滴加蒸馏水至凹液面最低处正好与刻度相切。

（6）摇匀

将容量瓶塞盖好，一手紧压瓶塞，另一手握住瓶底，上下反复颠倒振荡，使溶液混合均匀即可。

（7）装瓶（贴标签）

将配制好的溶液倒入试剂瓶中。并用标签写明所配溶液的名称、浓度、配制时间，贴于瓶身上。

2. 用浓液体试剂配制溶液（溶液的稀释）的方法

1）计算

（1）用已知物质的量浓度的浓溶液稀释时，直接用稀释公式计算所需浓溶液的体积 $V_浓$。

$$c_浓 \times V_浓 = c_稀 \times V_稀$$

（2）用已知密度和质量分数的浓溶液稀释时，则用换算后的稀释公式计算所需浓溶液的体积 $V_浓$。

$$\frac{1000\text{mL} \times \rho(\text{g/mL}) \times \omega_B}{M(\text{g/mol}) \times 1\text{L}} \times V_浓 = c_稀 \times V_稀$$

2）量取

用量筒量取浓溶液，倒入已盛有一定量蒸馏水的烧杯中，并用少量的蒸馏水洗涤量筒内壁 2～3 次，将每次洗涤后的液体也转移到烧杯中。

3）稀释

加入一定量蒸馏水，用玻璃棒将烧杯中的溶液搅动，使溶液混合均匀，并使其冷却至室温。

4）转移

（与固体试剂配制溶液的方法相同）。

5）定容

（与固体试剂配制溶液的方法相同）。

6）摇匀

（与固体试剂配制溶液的方法相同）。

7）装瓶（贴标签）

第二节　稀溶液的依数性

溶质溶于水中，形成溶液。溶液的性质涉及两个方面：一是由溶液本身的性质决定的，如溶液的颜色、气味、酸碱度等；二是由溶质的量决定的，而与溶质本身的性质无关，如难挥发的非电解质稀溶液蒸气压下降，沸点升高、凝固点降低和溶液的渗透压等。

1. 溶液的蒸气压下降

如果把一杯液体置于密闭的容器中，液面上那些能量较大的分子就会克服液体分子间的引力从表面逸出，成为蒸气分子。这个过程叫作蒸发。蒸发出来的蒸气分子在液面上的空间不断运动时，某些蒸气分子可能撞到液面，被液体分子所吸引而重新进入液体中，这个过程叫作凝聚，蒸发刚开始时，蒸气分子不多，凝聚的速率远小于蒸发的速率。随着蒸发的进行，蒸气浓度逐渐增大，凝聚的速率也就随之加大。当凝聚的速率和蒸发的速率相等时，液体和它的蒸气就处于平衡状态。此时，蒸气所具有的压力叫作蒸气压。液体在一定温度时的蒸发速率是恒定的。不同温度时水的蒸气压见表 2-2。

表 2-2　不同温度时水的蒸气压

温度/℃	0	20	40	60	80	100	120
蒸气压/kPa	0.61	2.33	7.37	19.92	47.34	101.33	202.65

实验证明，若往溶剂（如水）中加入任何一种难挥发的溶质，即在同一温度下，溶液的蒸气压总是低于纯试剂的蒸气压。把这种同一温度下，纯溶剂蒸气压与溶液蒸气压之差叫作溶液的蒸气压下降。

溶液的蒸气压力比纯溶剂的要低的原因可以理解如下：溶剂溶解了溶质后，溶剂的一部分表面或多或少地被溶质的微粒所占据，从而使得单位时间内从溶液中蒸发出的溶剂分子数比原来从纯溶剂中蒸发出的分子数要少，也就是使得溶剂的蒸发速率变小。因此，在单位时间内从溶液中蒸发出来的溶剂分子数要比纯溶剂少，为了达到蒸发和凝聚平衡，难挥发溶质的溶液中溶剂的蒸气压力低于纯溶剂的蒸气压力。显然，溶液的浓度越大，溶液的蒸气压下降就越多。

2. 溶液的沸点上升和凝固点下降

（1）溶液的沸点上升。溶液的蒸气压随着温度的升高而增大，当蒸气压等于外界压力时，液体就会沸腾，此时的温度称为该液体的沸点。例如水在100℃的蒸气压是101.325kPa，所以水的沸点是100℃。高原地区由于空气稀薄，气压降低，所以水的沸点低于100℃，在一定压强下，液体的沸点是固定的。

如果在水中加入任何一种难挥发的溶质，即在同一温度下，溶液的蒸气压总是低于纯试剂的蒸气压，要使溶液的蒸气压和外界大气压相等，就必须升高溶液的温度，所以溶液的沸点总是高于纯试剂的沸点。

在生产和实验中，常采用减压操作进行蒸发，一方面可以降低沸点，另一方面可以避免一些产品因高温分解而影响质量和产量。

（2）溶液的凝固点下降。能蒸发的固体也有蒸气压，而且在一定温度下，固体的蒸气压也是固定的，固体的蒸发也要吸热，所以固体的蒸气压随温度的升高而增大，冰在不同温度时的蒸气压见表2-3。

表2-3　冰在不同温度时的蒸气压

温度/℃	-20	-15	-10	-5	0
蒸气压/kPa	0.11	0.16	0.25	0.40	0.61

由表2-2、表2-3可知，在0℃，水和冰的蒸气压相等，都是0.61kPa，这时冰水共存，物质固态和液态蒸气压相等的温度称为该物质的凝固点。

如果在0℃水中加入任何一种难挥发的溶质，溶液的蒸气压下降，冰就会融化，只有在比0℃低的温度时，冰的蒸气压和液态的蒸气压才会相等，冰水共存，所以溶液的凝固点总是低于纯试剂的凝固点。

在生产和科学实验中，溶液的凝固点下降这一性质得到广泛的应用。例如汽车的散热器（水箱）的用水中，在寒冷的季节，通常加入乙二醇（$C_2H_4(OH)_2$）使溶液的凝固点下降而防止结冰。

3. 渗透压

渗透必须通过一种膜来进行，这种膜上的孔只能使溶剂的分子通过，而不能使溶质的分子通过，因此叫作半透膜。若被半透膜隔开的两边溶液的浓度不等（即单位体积内溶剂的分子数不等），则可发生渗透现象。如图2-1所示的装置，用半透膜把溶液和纯溶剂隔开，这时溶剂分子在单位时间内进入溶液内的数目，要比溶液内的溶剂分子在同一时间内进入纯溶剂的数目多。结果使得溶液的体积逐渐增大，垂直的细玻璃管中的液面逐渐上升。渗透是溶剂通过半透膜进入溶液的单方向扩散过程。

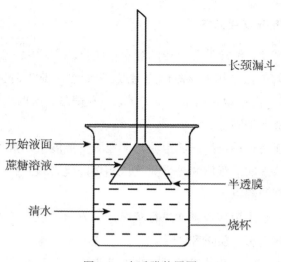

图 2-1　半透膜装置图

图中标注：长颈漏斗、开始液面、蔗糖溶液、半透膜、清水、烧杯

若要使膜内溶液与膜外纯溶剂的液面相平，即要使溶液的液面不上升，必须在溶液液面上增加一定压力。此时单位时间内，溶剂分子从两个相反的方向通过半透膜的数目相等，即达到渗透平衡。这样，溶液液面上所增加的压力就是这个溶液的渗透压。因此渗透压是为维持被半透膜所隔开的溶液与纯溶剂之间的渗透平衡而需要的额外压力。

凡是溶液都有渗透压，不同的溶液具有不同的渗透压，当存在半透膜时，溶液的浓度越高，水向溶液中渗透的力就越强，要阻止渗透作用进行所需要加的外力就越大，即渗透压就越大；相反溶液的浓度越低，渗透压就越小。如果半透膜两边的浓度不同，把浓度高的叫高渗溶液，浓度低的叫低渗溶液；如果半透膜两边的浓度相同，则叫等渗溶液。

渗透压在生物学中具有重要意义。有机体的细胞膜大多具有半透膜的性质，渗透压是引起水在生物体中运动的重要推动力。一般植物细胞汁的渗透压约可达 2000kPa，所以水分可以从植物的根部运送到数十米高的顶端。人体血液平均的渗透压约为 780kPa，因此，至今人体注射或静脉输液时应使用渗透压与人体内基本相等的溶液，否则由于渗透作用，可产生严重后果。如果把血红细胞放入渗透压较大（与正常血液的相比）的溶液中，血红细胞中的水就会通过细胞膜渗透出来，甚至能引起血红细胞收缩并从悬浮状态沉降下来；如果把这种细胞放入渗透压较小的溶液中，血液中的水就会通过血红细胞的膜流入细胞中，而使细胞膨胀，甚至能产生溶血现象。

第三节　胶　　体

胶体的胶粒是由大量的原子（分子或离子）构成的聚集体。粒径为 1～100nm 的胶粒分散在分散介质中，形成了热力学的不稳定系统。多相性、高度分散性和聚结的不稳定性是胶体的基本特性，其动力学性质、光学性质和电学性质都是由这些基本特性引起的。

一、胶体的动力学性质

1. 布朗运动

1827 年,英国植物学家布朗(Brown)在显微镜下观察悬浮在水面上的花粉和孢子时,发现它们处于不停的无规则运动之中,而且温度越高,粒子的质量越轻,介质的黏度越小,这种无规则运动就表现得越明显,后来人们把这种运动称为布朗运动。布朗运动的本质在很长一段时间内没有得到阐明,直到 20 世纪初,人们才用分子运动论阐明了布朗运动产生的原因。事实上布朗运动是介质分子热运动撞击悬浮粒子的结果。如果粒子很大,介质分子在各方向上对粒子的撞击力相互抵消,粒子可能静止不动,因此大粒子观察不到布朗运动;若粒子比较小,某一瞬间粒子在各个方向受到的撞击力不能相互抵消,合力使粒子向某一方向运动。合力的方向随时会发生变化,所以粒子的运动方向也在不断地变化,这就是粒子的布朗运动,如图 2-2 所示。

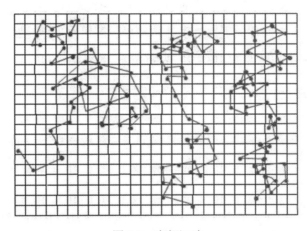

图 2-2　布朗运动

布朗运动是溶胶分散体系的特点。它是由某个瞬间胶粒受到来自各方介质分子碰撞的合力未被完全抵消而引起的。胶粒质量越小,温度越高,运动速度越快,布朗运动越剧烈。运动着的胶粒可使其本身不下沉,因而是胶体的一个稳定因素,即胶体具有动力学稳定性。

2. 扩散和沉降平衡

当溶胶中的胶粒存在浓度差时,胶粒将从浓度高的区域向浓度低的区域做定向迁移,这种现象称为扩散。温度越高,胶体的黏度越小,胶粒越容易扩散。扩散现象是由胶粒的布朗运动引起的。

在重力场中,胶粒因重力作用而下沉。这一现象称为沉降。粗分散体系中,分散相粒子大而且重,无布朗运动,扩散力接近于零,在重力作用下很快下沉。胶体分散体系中,胶粒的粒子较小，扩散和沉降两种作用同时存在。当沉降速度等于扩散速度时，系统处于平衡状态，这时胶粒的浓度从上到下逐渐增大，形成一个稳定的浓度梯度，这种状态称为沉降平衡。

二、胶体的光学性质

光线照射到分散体系时，可观察到不少的现象，根据粒子的大小，光可以被吸收，散射或者反射，当粒子的直径超过波长时，光在粒子表面发生反射，粗分散体系对可见光（波长为 $4 \times 10^{-7} \sim 7 \times 10^{-7}$ m）的反射就是如此，这就是悬浊液、乳浊液混浊不透明的根本原因。当粒子的直径略小于入射波长时，光波就环绕粒子向各个方向散射，每个粒子本身就好像一个光源，可向各个不同方向发出乳光，即发生散射现象。胶体分散体系对可见光具有较强的散射作用；真溶液的分散相粒子是分子和离子，它们的直径小，对光的散射十分微弱，肉眼无法观察到，如果入射光波长大于分散相粒子直径，则光线会透过分散体系，可观察到透明的液体。

丁达尔发现，在暗室内用一束光线照射胶体时，在与光束垂直的方向观察，可以看到一个发亮的光锥，后来人们称此现象为丁达尔现象，丁达尔现象是胶体粒子对光散射的结果，也是用来鉴别胶体与高分子溶液常用的方法。

三、胶体的电学性质

电动现象是胶体粒子的运动与电性能之间的关系。胶体粒子表面带有电荷，具有电动现象。

1. 电泳

带电颗粒在电场作用下，向着与其电性相反的电极移动，称为电泳。如果在一支 U 形管内注入有色胶体，小心地在胶体表面上注入无色的电解质溶液，使胶体与电解质溶液之间保持清晰的界面，并使胶体液面在同一水平高度，在电解质溶液中插入电极，接通直流电，胶粒便向与其所带电荷相反的电极方向移动，这时可见 U 形管内有色溶液的液面发生变化，一侧液面上升，另一侧液面下降，这种在电场作用下，胶体粒子在分散介质中的定向移动称为电泳。

从电泳方向可以判断胶粒的电性。大多数金属氢氧化物溶胶（如 $Fe(OH)_3$），胶粒带正电，向负极移动，称为正溶胶；大多数金属硫化物、硅酸、金等溶胶，胶粒带负电，向正极移动，称为负溶胶。

2. 电渗

如果把溶胶胶腔填充在多孔性隔膜（如素烧磁片、活性炭等）中，胶粒将被吸附而固定。

由于胶粒带电，而整个溶胶分散体系又是电中性，因此分散介质必然带与胶粒相反的电荷。

在外电场作用下，液体介质将通过多孔隔膜向与介质电荷相反的电极方向移动，从电渗仪毛细管中液面的升降即可观察到液体介质的移动方向。这种在电场作用下，分散介质相对于固定的固体表面电荷做相对定向移动的现象称为电渗。

电泳和电渗都是由于分散相和分散介质做相对运动时产生的电动现象，在同一电场下，二者往往同时发生。目前电泳技术在氨基酸、多肽、蛋白质及核酸等物质的分离和鉴定方面均有广泛的应用。

习　　题

1. 溶胶具有哪些性质？

2. 什么叫渗透压？什么叫渗透浓度？

3. 机体肝功能障碍或慢性肾炎常引起水肿。请你利用渗透压原理分析水肿形成的原因及采取的对策。

4. 实验配制 0.9% 的 NaCl 溶液 1000g，需要 NaCl 多少克？需要加水多少毫升？

5. 实验需要用 75% 的酒精消毒，现只有 95% 的酒精，若配制 75% 的酒精 1000mL 则需要取 95% 的酒精多少毫升？

6. 某患者需要补充 100g/L 的葡萄糖溶液，应往 1000mL 50g/L 的葡萄糖溶液中加入多少毫升 500g/L 的葡糖糖溶液？

7. 实验室配制 $0.1mol \cdot L^{-1}$ 的盐酸溶液 1000mL，需要用浓度为 37%、密度为 1.19g/mL 的浓盐酸多少毫升？

8. 甘油溶液可以用来护肤，现取 300g 甘油，溶解在 100g 水中得到甘油溶液，则该溶液的质量分数是多少？

9. 注射用葡萄糖的质量浓度 $\rho_{葡萄糖}=50g/L$，此葡萄糖的物质的量浓度是多少？

10. 将 35g NaOH 固体溶于水，配制成 1000mL NaOH 溶液，计算该溶液的质量浓度。

第二部分　分析化学基础知识

第三章　分析化学概述

【知识目标】

1. 了解分析化学的任务、作用、分类等基本知识。
2. 掌握定量分析中误差的来源、分类、表示及计算方法。
3. 理解准确度与精密度的关系。
4. 理解有效数字的意义，掌握并熟练运用其运算规则。

【技能目标】

1. 能计算误差和偏差。
2. 能对有效数字进行判断、修约及计算。

分析化学是研究物质化学组成的分析方法及有关理论的一门科学，是化学的一个重要分支。它的任务是鉴定物质的组成和测定有关组分的含量及结构。根据分析目的和任务的不同，分析化学可分为定性分析、定量分析和结构分析。定性分析是研究物质由哪些组分（元素、原子团、离子等）组成；定量分析是研究物质中各组分的相对含量；结构分析主要研究物质中各组分的分子或晶体结构。在对物质进行分析时，通常是先进行定性分析确定其组成，然后再进行定量分析确定其各组分相对含量。

分析化学有着极高的实用价值，在国民经济建设和日常生活中有着重要作用，广泛应用于农业、医药、化工、冶金、能源、环境保护、商品检验、考古分析、法医刑侦鉴定等领域。在高等职业技术院校的许多专业，特别是农、林、牧、食品、化工等专业中，后续的很多课程都要用到分析化学的理论知识和操作技能。所以，我们不仅要了解分析化学的有关基础理论，学会分析方法，掌握分析技术，树立正确的量的概念，还要加强基本实验技能的培养和训练，养成严谨的工作作风和实事求是的科学态度，提高分析问题和解决问题的能力，为后续专业课程的学习打下良好的基础。

第一节　定量分析的方法及分类

一、定量分析的方法

定量分析是分析化学的一个重要组成部分。定量分析根据测定原理和操作方法的不同，可分为化学分析法和仪器分析法两大类。

1. 化学分析法

化学分析法是以物质的化学反应为基础的分析方法，主要包括重量分析法和滴定分析法。

（1）重量分析法

重量分析法又叫称量分析法，是通过物理或化学反应将试样中待测组分与其他组分分离，然后用称量的方法测定该组分的含量。

（2）滴定分析法

滴定分析法又叫容量分析法，是将一种已知准确浓度的试剂溶液滴加到被测物质的溶液中，直到化学反应完全时为止，然后根据所用试剂溶液的浓度和体积可以求得被测组分的含量。

2. 仪器分析法

仪器分析法是以物质的物理性质（颜色、密度、沸点等）、物理化学性质（物质发生化学变化后的某种物理性质）为基础的分析方法。这类分析需要使用特殊的仪器。常用的仪器分析法有：光学分析法（又分为吸收光谱分析、发射光谱分析、质谱分析、旋光分析、折光分析等）、电化学分析法（又分为电解分析、电导分析、电位分析、极谱分析等）、色谱分析（又分为液相色谱、气相色谱、离子交换色谱等）、热量分析、放射分析等。

二、定量分析的分类

定量分析按试样用量多少可以分为常量分析（试样质量＞0.1g）、半微量分析（试样质量为 0.1～0.01g）、微量分析（试样质量为 10～0.1mg）、超微量分析（试样质量＜0.1mg）。

定量分析按分析对象不同分为无机分析（分析对象是无机化合物）和有机分析（分析对象是有机化合物）。

定量分析按生产过程不同可分为原料分析、中间控制分析、成品分析等。

定量分析按照化学检验的任务不同可分为例行分析（常规分析）和仲裁分析。

三、定量分析的程序

1. 试样的采集

采集试样的关键是必须具有代表性和均匀性。即试样能代表整批物料的平均化学成分，否则分析结果再准确也毫无意义。一般可分为以下两种。

（1）液体、气体试样的合理采集。如分装在不同容器里的液体物料，应从每个容器里分别取样，混合后作为分析试样。再如采集大气污染物是使空气通过适当的吸收剂，由吸收剂吸收浓缩后作为分析试样。

（2）固体试样的采集和制备。应从物料的不同部位选取有代表性的物料，混合得到原始平均试样。然后经粉碎、过筛、混匀、缩分等处理，制成分析试样。实际上不可能把全部样品都处理成分析试样，因此在处理过程中要不断进行缩分，最后得到具有代表性和均匀性的供试品（正样）。

2. 试样的分解

取样后必须将试样中被测组分转化为适宜于测定的形式。根据试样性质不同，采用不同的分解方法。定量分析多属于湿法分析（在水溶液中进行反应的分析方法）。分解试样最常用的方法是溶解法，溶解法通常依次采用水、稀酸、浓酸、混合酸（如王水、浓硫酸与硝酸、高氯酸与硝酸等）、氢氧化钠溶液的顺序溶解处理样品，使之溶解后再进行分析。有些样品不溶于水、酸或碱而溶于有机溶剂。如仍不能达到分解的目的，则可采用熔融法、烧结法使被测物质通过反应转化为易溶物质。

分解试样必须达到以下几点要求：① 试样应该完全分解；② 在分解过程中不能引入待测组分；③ 不能使待测组分有所损失；④ 所用试剂及反应产物对后续测定无干扰。

3. 干扰物质的分离

测定之前，有时共存于试样中的其他成分有干扰，须通过控制酸度、分离（萃取、沉淀、蒸馏等）或掩蔽的方法除去干扰测定的杂质后，再进行测定。

4. 选择合适的测定方法测定

根据分析对象、测定要求及时间的不同，选用滴定分析、质量分析或仪器分析等合适的方法测定被测组分的含量。

5. 数据处理及分析结果的报告

根据测定所得数据和化学反应的计量关系，先对数据进行取舍，再利用科学的方法进行分析和处理，计算出试样中被测组分的含量，并对试样中的测试项目做出明确的结论评价（含量或浓度多少）报告。

第二节　定量分析中的误差

定量分析中，要求分析结果具有一定的准确性，但由于受分析方法、仪器、试剂等方面因素的限制，即使采用最先进的分析方法和最精密的仪器，误差也是客观存在和不可避免的。而不同的分析结果也允许有一定的误差范围，我们可以采取一些措施，使误差减小到最低限度，提高分析结果的准确度。

一、误差的分类

误差是指实际分析中，个别测得值与真实值之间的差值。根据误差产生的原因和性质，可将误差分为系统误差和偶然误差两大类。

1. 系统误差

系统误差又称可测误差，是由某些固定的原因所造成的误差，使得测定的结果偏高或偏低。系统误差具有"单向性"，在重复测定时，它会重复表现出来，对分析结果的影响比较固定。产生系统误差的主要原因如下。

（1）仪器误差

由于所用仪器本身不够准确，或未经校正而引起的误差。例如天平砝码未校正，容量瓶、滴定管等容量器皿刻度不准确等。

（2）试剂误差

由于所用试剂、蒸馏水含有微量杂质而不纯所引起的误差。

（3）方法误差

由于分析方法本身不完善而产生的误差。例如，滴定分析中，滴定终点与化学计量点不完全重合而产生的误差；重量分析中，因沉淀溶解或吸附杂质等产生的误差。

（4）操作误差

在正常操作的情况下，由操作者主观因素所造成的误差。如操作者对滴定终点颜色的辨别不敏锐、滴定管读数偏高或偏低所引起的误差。但应将其和分析过程中由于操作不慎产生的错误、过失区别开来。

2. 偶然误差

偶然误差又称不可测误差或随机误差，是由某些难以控制或无法避免的偶然原因造成的误差。如测量时因环境温度、湿度、气压的微小波动，物体的振动，仪器性能的微小变化等原因造成的误差。偶然误差的数值有时偏高，有时偏低，不具有单向性。

二、误差的减免方法

1. 选择合适的分析方法

根据现有分析条件、被测物质的含量和对分析结果的要求选择合适的分析方法。各种分析方法的准确度是不同的。化学分析法对高含量组分的测定，能获得准确和较满意的结果，相对误差一般在千分之几。而对低含量组分的测定，化学分析法就达不到这个要求。仪器分析法虽然误差较大，但是由于灵敏度高，可以测出低含量组分。在选择分析方法时，主要根据组分含量及对准确度的要求，在可能的条件下选择最佳的分析方法。

2. 消除测定中的系统误差

消除系统误差可以采取以下措施。

1）校正仪器

分析测定中，具有准确体积和质量的仪器，如滴定管、移液管、容量瓶和分析天平砝码，都应进行校正，以消除仪器不准所引起的系统误差。因为这些测量数据都是参与分析结果计算的。

2）空白实验

由试剂和器皿引入的杂质所造成的系统误差，一般可通过空白实验来加以校正。空白实验是指在不加试样的情况下，按试样分析规程在同样的操作条件下进行的测定。空白实验所得结果的数值称为空白值。从试样的测定值中扣除空白值，即可得到比较准确的分析结果。

3）对照实验

常用的对照实验有三种。

（1）用组成与待测试样相近、已知准确含量的标准样品，按所选方法测定，将对照实验的测定结果与标样的已知含量相比，其比值即称为校正系数。

$$校正系数 = 标准试样实际含量 / 标准试样测得含量$$

则试样中被测组分含量的计算为：

$$被测试样组分含量 = 校正系数 \times 试样测得含量$$

（2）用标准方法与所选用的方法测定同一试样，若测定结果符合公差要求，说明所选方法可靠。

（3）用加标回收率的方法检验，即取 2 等份试样，在一份中加入一定量待测组分的纯物质，用相同的方法进行测定，计算测定结果和加入纯物质的回收率，以检验分析方法的可靠性。

3. 减小偶然误差

采用多次重复测定取平均值的方法可以减小偶然误差，测定的次数越多，分析结果越接近真实值。在定量分析中，一般要求做3～5次平行测定。

三、误差的表示方法

1. 真实值、平均值与中位数

（1）真实值（x_T）

物质中各组分的实际含量称为真实值，它是客观存在的，但不可能准确地知道。

（2）平均值（$\overline{x}$）

在日常分析工作中，总是对某试样平行测定数次，取其算术平均值作为分析结果，若以 x_1，x_2，x_3，…，x_n 代表各次的测定值，n 代表平行测定的次数，$\overline{x}$ 代表样本平均值，则 $\overline{x}=(x_1+x_2+x_3+\cdots+x_n)/n$。

样本平均值不是真实值，只能说是真实值的最佳估计，只有在消除系统误差之后并且测定次数趋于无穷大时，所得总体平均值才能代表真实值。

（3）中位数（x_M）　一组测量数据按大小顺序排列，中间一个数据即为中位数 x_M。当测定次数为偶数时，中位数为中间相邻两个数据的平均值。它的优点是能简便地说明一组测量数据的结果，不受两端具有过大误差的数据的影响。缺点是不能充分利用数据。将平行测定的数据按大小顺序排列：

10.10，10.20，<u>10.40</u>，10.46，10.50　　　　$\overline{x}$=10.33　x_M=10.40

10.10，10.20，<u>10.40</u>，<u>10.46</u>，10.50，10.54　　　$\overline{x}$=10.37　x_M=10.43

2. 准确度与误差

准确度是指测得值与真实值之间相符合的程度。准确度的高低常以误差的大小来衡量。即误差越小，准确度越高；误差越大，准确度越低。

误差有两种表示方法——绝对误差和相对误差：

$$绝对误差（E）=测定值（X）-真实值（T）$$

$$相对误差（E_r）=\frac{测定值（X）-真实值（T）}{真实值（T）}\times100\%$$

由于测定值可能大于真实值，也可能小于真实值，所以绝对误差和相对误差都有正、负之分。

例如，两次测定的结果分别为 24.28 和 2.66，真实值分别为 24.30 和 2.68，则：

（1）绝对误差（E）=24.28-24.30 = -0.02

$$绝对误差（E_r）= \frac{E}{T} \times 100\% = \frac{-0.02}{24.30} \times 100\% \approx -0.08\%$$

（2）绝对误差（E）=2.66-2.68 = -0.02

$$绝对误差（E_r）= \frac{E}{T} \times 100\% = \frac{-0.02}{2.68} \times 100\% \approx -0.75\%$$

虽然两次测定的绝对误差相同，但它们的相对误差却相差较大。相对误差是指误差在真实值中所占的百分率。上面两例中相对误差不同说明它们的误差在真实值中所占的百分率不同，可以看出，相对误差能更好地反映出测定结果的准确度。常量分析中，通常要求实验结果的相对误差不应超过 0.3%。

但应注意有时为了说明一些仪器测量的准确度，用绝对误差更清楚。例如，分析天平的称量误差是±0.0002g，常量滴定管的读数误差是±0.01mL，等等。这些都是用绝对误差来说明的。

3. 精密度与偏差

在实际分析中，被测组分的真实值往往是不知道的，无法计算误差，因此引入了偏差的概念。所谓偏差是指测得值与平均值之间的差值，偏差越小，表明测得值越接近平均值。精密度是指在相同条件下多次重复测定结果彼此相符合的程度。精密度的大小用偏差表示，偏差越小说明精密度越高，即测得值的重现性越好。偏差也可以用绝对偏差和相对偏差来表示。

$$绝对偏差（d）= 测定值（x）- 平均值（\bar{x}）$$

$$相对偏差（d\%）= \frac{绝对偏差（d）}{平均值（\bar{x}）} = \frac{x - \bar{x}}{\bar{x}} \times 100\%$$

绝对偏差是指单次测定值与平均值的偏差，相对偏差是指绝对偏差在平均值中所占的百分率。绝对偏差和相对偏差都有正、负之分，单次测定的偏差之和等于零。

对多次测定数据的精密度常用平均偏差（$\bar{d}$）表示。平均偏差也分为绝对平均偏差和相对平均偏差。

$$绝对平均偏差（\bar{d}）= \frac{\sum|x_i - \bar{x}|}{n}, \qquad i = 1, 2, \cdots, n$$

$$相对平均偏差 = \frac{\overline{d}}{\overline{x}} \times 100\%$$

绝对平均偏差是指单次测定值与平均值的偏差（取绝对值）之和，除以测定次数。相对平均偏差是指绝对平均偏差在平均值中所占的百分率，因此更能反映测定结果的精密度。

此外，一般分析中，当平行测定次数不多时，常采用极差（R）来说明偏差的范围，极差也称"全距"。

$$极差（R）= 测定最大值 - 测定最小值$$

$$相对极差 = \frac{R}{\overline{x}} \times 100\%$$

四、准确度与精密度的关系

准确度表示测量的准确性，精密度表示测量的重现性。以四个组对一个试样分析 6 次的结果为例，说明准确度与精密度的关系，如图 3-1 所示。

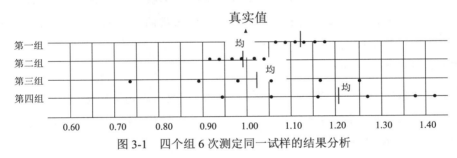

图 3-1 四个组 6 次测定同一试样的结果分析

第一组测定的结果：精密度很高，但平均值与标准值相差很大，说明准确度很低。

第二组测定的结果：测定的数据较集中并接近标准数据，说明其精密度与准确度都较高。

第三组测定的结果：精密度不高，测定数据较分散，虽然平均值接近标准值，但这是凑巧得来的，如只取 2 次或 3 次来平均，结果与标准值相差较大。

第四组测定的结果：精密度、准确度均很低。

由此可见，精密度高，准确度不一定高，欲使准确度高，首先必须要求精密度高。只有精密度与准确度都高时的测量值才可取。因此在分析工作中，既要消除系统误差，也要减小偶然误差，才能提高分析结果的准确度。

第三节　有效数字及其运算规则

一、有效数字

为了取得准确的分析结果，不仅要准确进行测量，还要正确记录与计算。所谓正确记录是指正确记录数字的位数。因为数据的位数不仅表示数字的大小，也反映测量的准确程度。

1. 有效数字的概念

所谓有效数字，就是指在分析工作中实际能测得的数字。有效数字和仪器的准确程度有关，有效数字保留的位数应根据分析方法与仪器的准确度来确定，一般测得的数值中只有最后一位是可疑的。例如，在分析天平上称取试样 0.5000g，这不仅表示试样的质量是 0.5000g，还表示称量的误差在 ±0.0002g 以内。如将其质量记录成 0.50g，则表示该试样是在台秤上称量的，其称量误差为 ±0.02g。因此记录数据的位数不能任意增加或减少。如在上例中，在分析天平上，测得称量瓶的质量为 10.4320g，这个记录说明有 6 位有效数字，最后一位是可疑的。因为分析天平只能称准到 0.0002g，即称量瓶的实际质量应为（10.4320 ± 0.0002 ）g。无论计量仪器如何精密，其最后一位数总是估计出来的。因此有效数字就是保留末一位不准确数字，其余数字均为准确数字。

2. 有效数字位数的判断

在确定有效数字位数时，"0" 可能是有效数字，也可能是定位数字。

例如，在分析天平上称量物质，得到如下的质量（单位：g）：

10.2530、3.2036、0.3903、0.0560

以上数据中 "0" 所起的作用是不同的。

在 10.2530 中，两个 "0" 都是有效数字，所以它有 6 位有效数字。

在 3.2036 中，"0" 也是有效数字，所以它有 5 位有效数字。

在 0.3903 中，小数点前面的 "0" 是定位用的，不是有效数字，而在数字中间的 "0" 是有效数字，所以它有 4 位有效数字。

在 0.0560 中，"5" 前面的 2 个 "0" 都是定位用的，而在末尾的 "0" 是有效数字，所以它有 3 位有效数字。

综上所述，数字之间的 "0" 和末尾的 "0" 都是有效数字，而数字前面所有的 "0" 只起定位作用，不是有效数字。以 "0" 结尾的正整数，有效数字的位数不确定。例如 1500 这个数，就不好确定是几位有效数字，可能是 2 位或 3 位，也可能是 4 位。遇到这种情况，应根据实际有效数字位数书写成科学记数法的形式：

$1.5×10^3$　　　　2 位有效数字

1.50×10³　　　3 位有效数字

1.500×10³　　4 位有效数字

因此很大或很小的数，常用 10 的乘方表示。当有效数字确定后，在书写时，一般只保留 1 位可疑数字，多余的数字按数字修约规则处理。

对于滴定管、移液管和吸量管，它们都能准确测量溶液体积到 0.01mL。所以当用 50mL 滴定管测量溶液体积时，如测量体积大于 10mL 且小于 50mL，应记录为 4 位有效数字。例如写成 20.45mL；如测量体积小于 10mL，应记录为 3 位有效数字，例如写成 6.56mL。当用 25mL 移液管移取溶液时，应记录为 25.00mL；当用 5mL 吸量管吸取溶液时，应记录为 5.00mL；当用 250mL 容量瓶配制溶液时，则所配制溶液的体积应记录为 250.0mL；当用 50mL 容量瓶配制溶液时，则应记录为 50.0mL。总而言之，测量结果所记录的数字，应与所用仪器测量的准确度相适应。

分析化学中还经常遇到 pH、lgK 等对数值，其有效数字位数仅取决于小数部分的数字位数。例如，pH=2.08，为两位有效数字，它是由 $[H^+]=8.3×10^{-3}mol·L^{-1}$ 取负对数而来，所以是 2 位而不是 3 位有效数字。

3. 数字修约规则

有效数字的修约通常采用"四舍六入五留双"法则，即当尾数≤4 时舍去，尾数≥6 时进位。当尾数恰为 5 而后面无数字或为 0 时，则看保留的末位数是奇数还是偶数，5 前为偶数应将 5 舍去，5 前为奇数则进位；若尾数为 5 而后面还有不为 0 的数字时，无论 5 的前面是奇数还是偶数都应进位。

这一法则的具体运用如下：

（1）若被舍弃的第一位数字≥6，则其前一位数字加 1。如 22.4645 只取 3 位有效数字时，其被舍弃的第一位数字为 6，则有效数字应为 22.5。

（2）若被舍弃的第一位数字等于 5，而其后数字全部为零，则视被保留的末位数字为奇数或偶数（零视为偶数）而确定进或舍，末位是奇数时进 1、末位为偶数不加 1。如 18.550、18.850、18.050 只取 3 位有效数字时，分别应为 18.6、18.8 及 18.0。

（3）若被舍弃的第一位数字为 5，而其后面的数字并非全部为零，则进 1。如 18.2501，只取 3 位有效数字时，则进 1，成为 18.3。

二、有效数字的计算规则

1. 加减运算

几个数据相加或相减时，它们的和或差只能保留一位可疑数字，应以小数点后位数最少（绝对误差最大的）的数据为依据。

例如，53.2 + 7.45 + 0.66382

应以 53.2 为准先将其他数据修约成小数点后面保留一位，再进行计算。

$$53.2 + 7.45 + 0.66382 \approx 53.2 + 7.4 + 0.7 = 61.3$$

2. 乘除运算

几个数据相乘除时，积或商的有效数字位数的保留，应以有效数字位数最少（相对误差最大）的数据为依据。

例如：0.024 × 12.53 × 3.0428

应以 0.024 为准先将其他数据修约成保留有效数字两位，再进行计算，最后结果保留两位有效数字。

$$0.024 \times 12.53 \times 3.0428 \approx 0.024 \times 13 \times 3.0 \approx 0.94$$

习　　题

1. 填空题。

（1）误差根据来源可分为＿＿＿＿＿、＿＿＿＿＿＿。

（2）误差可用＿＿＿＿误差和＿＿＿＿误差表示。

（3）偏差可用＿＿＿＿偏差和＿＿＿＿偏差、＿＿＿＿偏差等表示。

（4）准确度反映测定结果与＿＿＿＿＿＿的程度，精密度反映测定结果＿＿＿＿＿＿。

（5）在称量误差为± 0.1mg 的分析天平上称取 0.5g 样品时，可引起的相对误差是＿＿＿＿，称取 0.05g 样品时，可引起的相对误差是＿＿＿＿。

（6）标定盐酸溶液时，测定结果平均值为 $0.1000\ mol \cdot L^{-1}$，若某同学得到的测定结果为 $0.1002 mol \cdot L^{-1}$，则该同学测定的相对偏差为＿＿＿＿。

2. 下列情况存在误差吗？属于什么误差？如何消除？

（1）容量瓶体积未校正　　　　（2）滴定管最后一位数字估计不准

（3）使用被腐蚀的砝码　　　　（4）滴定时，滴定剂滴在锥形瓶外面

（5）称量时天平零点突然有变动　（6）试剂中含有微量干扰离子

3. 下列数据包括几位有效数字？

（1）0.15　　　　（2）2.005　　　　（3）5.000　　　　（4）3.72×10^{-5}

（5）0.08%　　　（6）0.0020　　　（7）pH=12.50　　（8）10.03

4. 将下列数据修约为两位有效数字。

（1）0.134　　　　（2）3.045　　　　（3）5.0367　　　　（4）0.007251　　　　（5）12.316

5. 根据有效数字运算规则计算下列结果。

（1）0.654+23.5759−4.2450+4.23

（2）0.033×3.655×12.8052

（3）4.36582÷0.483-3.09

（4）0.6782×（2.5+3.087）×5.083

6. 分析某试样中某一主要成分的含量，重复测定 6 次，其结果为：49.69%、50.90%、48.49%、51.75%、51.47%、48.80%，计算平均值、绝对平均偏差、相对平均偏差。

7. 过氧化氢含量的测定中，实验测得一组数据为：5.35%、5.38%、5.39%、5.40%，求极差和相对极差。

8. 试样中镍的标准含量为 34.33%，经过 5 次测定得到如下数据：34.25%、35.35%、34.22%、34.29%、33.40%，计算以上结果的绝对误差和相对误差。

第四章　滴定分析法

【知识目标】

1. 了解滴定分析法的特点、分类，熟悉滴定反应应具备的条件。
2. 理解滴定分析法的基本原理和基本概念。
3. 掌握标准溶液浓度的表示方法和标准溶液的配制与标定。
4. 掌握滴定分析方法的有关计算。

【技能目标】

1. 学会滴定分析常用仪器（滴定管、吸量管、移液管）的使用。
2. 掌握标准溶液的配制方法。

第一节　滴定分析概述

一、滴定分析的基本概念

滴定分析法是将一种已知准确浓度的试剂溶液滴加到被测物质的溶液中，直到所加溶液与被测物质按化学计量关系恰好完全反应，然后根据所加溶液的浓度和所消耗的体积计算出被测物质的含量。由于这种测定方法是以测量溶液的体积为基础的，而用来准确测量溶液体积的玻璃仪器叫容量仪器，故滴定分析法又称容量分析法。

在进行滴定分析时，这种已知准确浓度的试剂溶液称为标准溶液或滴定剂，将标准溶液用滴定管滴加到被测物质溶液中的操作过程称为滴定。当加入的标准溶液与被测物质恰好反应完全，即两者的物质的量正好符合反应的化学计量关系时，称为滴定反应的化学计量点。化学计量点一般是用外加试剂的颜色改变来指示的，这种借助颜色改变来指示化学计量点的试剂称为指示剂。在滴定过程中，当指示剂正好发生颜色变化时停止滴定，此点称为滴定终点。

化学计量点是根据化学反应计量关系求得的理论值，在实际分析操作中，滴定终点与理论上的化学计量点可能不完全符合，它们之间总存在着很小的差别，由此而引起的误差称为终点误差或滴定误差。终点误差是滴定分析误差的主要来源，其大小主要取决于指示剂的性能和用量，所以在滴定过程中，为了减小终点误差，指示剂的选择尤为重要。

二、滴定分析法的特点和分类

滴定分析法通常用于测定常量组分的含量，有时也可用来测定含量较低组分。该方法操作简便、测定快速、仪器简单、用途广泛，可适用于各种类型化学反应的测定。分析结果准确度较高，一般常量分析的相对误差在±0.2%。因此，滴定分析在生产和科研中具有重要的实用价值，是分析化学中很重要的一类方法。

滴定分析法根据进行滴定的化学反应类型的不同，通常分为下列四类。

1. 酸碱滴定法

酸碱滴定法是以中和反应为基础的分析方法。这类滴定法可以用酸或碱作为标准溶液，测定碱或酸性物质。

例如强酸滴定强碱：$H^+ + OH^- \Longrightarrow H_2O$

2. 配位滴定法

配位滴定法是以配位反应为基础的分析方法，可用于测定金属离子或配位剂，产物为配合物或配离子。例如：

$$Ag^+ + 2CN^- \Longrightarrow [Ag(CN)_2]^-$$

3. 氧化还原滴定法

氧化还原滴定法是以氧化还原反应为基础的滴定分析方法，可用于直接测定具有氧化性或还原性的物质，或者间接测定某些不具有氧化或还原性的物质。例如：

$$Cr_2O_7^{2-} + 6Fe^{2+} + 14H^+ \Longrightarrow 2Cr^{3+} + 6Fe^{3+} + 7H_2O$$

4. 沉淀滴定法

沉淀滴定法是以沉淀反应为基础的滴定分析方法，可用于测定 Ag^+、CN^-、SCN^- 及卤素等离子。例如：

$$Ag^+ + Cl^- \Longrightarrow AgCl\downarrow（白色）$$

三、滴定分析法对化学反应的要求

化学反应的类型虽然很多，但不一定都能用于滴定分析，为了保证滴定分析的准确度，用于滴定分析的化学反应须具备以下四个条件。

（1）反应须定量完成，即反应进行须完全。通常要求在化学计量点时有 99.9%以上的完成度。反应越完全对滴定越有利。

（2）反应速度要快，加入滴定剂后反应最好立即完成，如果反应进行得较慢将无法确定终点。对于速度较慢的反应，通常可以通过加热或加入催化剂等方法加快反应速度。

（3）须有适当的方法确定终点，即能利用滴定过程中指示剂变色或滴定溶液电位、电导等值的改变来确定滴定终点。

（4）滴定液中不能有干扰主反应的杂质存在，否则应进行掩蔽或提前除去。

四、滴定分析法的滴定方式

按照滴定方式的不同可将滴定分析法分为四种。

1. 直接滴定法

只要被测物质与滴定剂之间的反应能满足上述要求，即可在滴定剂与被测物质之间直接滴定。如用标准酸溶液滴定碱，用标准碱溶液滴定酸，用 $KMnO_4$ 标准溶液滴定 H_2O_2，用 EDTA 标准溶液滴定金属离子，用 $AgNO_3$ 标准溶液滴定 Cl^- 等。直接滴定法是滴定分析中最常用和最基本的滴定方法。该方法简便、快速，可能引入误差的因素较少。当滴定反应不能完全满足上述基本要求时，可采用以下方式进行滴定。

2. 返滴定法

当滴定剂与被测物质之间的反应速度慢或缺乏适合确定终点的方法，不能采用直接滴定法时，常采用返滴定法。返滴法是先在被测物质溶液中加入一定量且过量的标准溶液，待与被测物质反应完成后，再用一种滴定剂滴定剩余的标准溶液。例如测定碳酸钙含量，由于试样是固体，难溶于水，不能用 HCl 标准溶液直接滴定，此时可先于试样中加入一定量且过量的 HCl 标准溶液，使碳酸钙溶解完全，冷却后再用 NaOH 滴定剂滴定剩余 HCl。

3. 置换滴定法

有些待测物质与标准溶液的反应没有确定的化学计量关系或缺乏合适的指示剂，不能直接滴定时，可先用适当的试剂与被测物质反应，使之置换出一种能被定量滴定的物质，然后再用适当的滴定剂滴定，此法称为置换滴定法。例如，硫代硫酸钠不能直接滴定重铬酸钾及其他强氧化剂，因为在酸性溶液中，强氧化剂将 $Na_2S_2O_3$ 氧化为 $S_4O_6^{2-}$ 及 SO_4^{2-} 等混合物，而无确定的化学计量关系。但是，在 $K_2Cr_2O_7$ 酸性溶液中加入过量的 KI，$K_2Cr_2O_7$ 与 KI 定量反应后置换出的 I_2，即可用 $Na_2S_2O_3$ 直接滴定，从而求出 $K_2Cr_2O_7$ 的含量。

4. 间接滴定法

有时被测物质不能与标准溶液直接起化学反应，但却能与另一种可以和标准溶液直接作用的物质起反应，这时便可采用间接滴定方式进行滴定。例如，用 $KMnO_4$ 溶液不能直接滴定 Ca^{2+} 的溶液，可将溶液中的 Ca^{2+} 转化为 CaC_2O_4 沉淀，过滤、洗涤后溶解于 H_2SO_4 中。然后再用 $KMnO_4$ 标准溶液滴定与 Ca^{2+} 等量结合的 $C_2O_4^{2-}$，即可间接测定 Ca^{2+} 的含量。

在滴定分析中返滴定、置换滴定、间接滴定等滴定方式的应用，大大扩展了滴定分析法的应用范围。

第二节　基准物质和标准溶液

一、基准物质

在滴定分析中，不论采用何种滴定方法都必须使用标准溶液，最后要通过标准溶液的浓度和用量，来计算被测物质的含量。所谓标准溶液是一种已知准确浓度的溶液。但不是所有试剂都可以直接配制标准溶液。能直接配制标准溶液或标定标准溶液的物质称为基准物质。基准物质应符合下列条件。

（1）实际的组成应与它的化学式完全相符。若含结晶水，如硼砂（$Na_2B_4O_7 \cdot 10H_2O$），其结晶水的含量也应与化学式完全相符。

（2）试剂的纯度应足够高。一般要求其纯度在 99.9%以上，而杂质的含量应少到不影响分析的准确度。

（3）试剂性质应稳定。如不与空气中的组分发生反应，不易吸湿、不易丢失结晶水，烘干时不易分解等。

（4）尽可能有比较大的摩尔质量，以减小称量时的相对误差。

常用的基准物质有纯金属和纯化合物，如 Ag、Cu、Zn、Cd、Si、Ge、Al、Co、Ni、Fe 和 NaCl、$K_2Cr_2O_7$、Na_2CO_3、$KHC_8H_4O_4$、$Na_2B_4O_7 \cdot 10H_2O$、As_2O_3、$CaCO_3$ 等。它们的含量一般在 99.9%以上，甚至可达 99.99%以上。有些超纯物质和光谱纯试剂的纯度很高，但这只表明其中金属杂质的含量很低而已，并不表明它的主要成分的含量在 99.9%以上，有时候因为其中含有不定组成的水分和气体杂质，以及试剂本身的组成不固定等原因，使主成分的含量达不到 99.9%以上，这时就不能用做基准物质了。所以，不要随意选择基准物质。

二、标准溶液

标准溶液即已知准确浓度的溶液。在滴定分析中，不论采取何种滴定方法，都离不开标准溶液，否则就无法完成定量测定。

（一）标准溶液的浓度表示方法

1. 物质的量浓度

标准滴定溶液的浓度常用物质的量浓度表示。物质 B 的物质的量浓度是指单位体积溶液中所含溶质 B 的物质的量，其定义式为：

$$c_B = n_B / V$$

式中

n_B——溶液中溶质 B 的物质的量，单位为 mol 或 mmol；

V——溶液的体积，单位为 L 或 mL；

c_B——物质 B 的物质的量浓度，常用单位为 $mol \cdot L^{-1}$。

例如，1L 溶液中 $n_{HCl}= 0.1mol$ 时，$c_{HCl}= 0.1mol \cdot L^{-1}$。

表示物质的量浓度时，必须指明物质的基本单元，它可以是原子、分子、离子、电子及其他粒子，或者是这些粒子的特定组合。

2. 滴定度

在生产实践中，有时也用"滴定度"表示标准滴定溶液的浓度。滴定度是指每毫升标准滴定溶液相当于被测物质的质量（g 或 mg）。例如，若每毫升 $KMnO_4$ 标准滴定溶液恰好能与 0.005585g Fe^{2+} 反应，则该 $KMnO_4$ 标准滴定溶液的滴定度可表示为 $T_{Fe/KMnO_4} = 0.005585g / mL$。

如果分析的对象固定，用滴定度计算其含量时，只需将滴定度乘以所消耗标准溶液的体积即可求得被测物的质量，计算十分简便。

（二）标准溶液的配制

由于滴定过程中离不开标准溶液，因此，正确配制标准溶液、准确标定标准溶液的浓度，以及对标准溶液的妥善保管，对提高滴定分析结果的准确度有着十分重要的意义。标准溶液的配制一般可采用两种方法。

1. 直接配制法

准确称取一定量的基准物质，溶解后定量转移到容量瓶中，稀释至一定体积，根据称取物质的质量和容量瓶的体积即可计算出该标准溶液的浓度。这样配成的标准溶液称为基准溶液，可用它来标定其他标准溶液的浓度。例如，欲配制 $0.01mol \cdot L^{-1}$ $K_2Cr_2O_7$ 标准溶液 1L，首先在分析天平上精确称取优级纯的重铬酸钾（$K_2Cr_2O_7$）2.9420g，置于烧杯中，加适量水溶解后定量转移到 1000mL 容量瓶中，再用水稀释至刻度即得。

直接配制法的优点是简便，一经配好即可使用，但必须用基准物质配制。

2. 间接配制法——标定法

许多物质由于达不到基准物质的要求，如 $KMnO_4$、$Na_2S_2O_3$、NaOH、HCl 等，其标准溶液不能采用直接法配制。对这类物质只能采用间接法配制，即粗略地称取一定量的物质或量取一定量的体积溶液，配制成接近所需浓度的溶液（称为待标定溶液，简称待标液），其准确浓度未知，必须用基准物质或另一种标准溶液来测定。这种利用基准物质或已知准确浓度的溶液来测定待标液浓度的操作过程称为标定。

（三）标准溶液的标定

1. 直接标定法（基准物质标定法）

准确称取一定量的基准物质，溶解后用待标液滴定，根据基准物质的质量和待标液的体积，即可计算出待标液的准确浓度。大多数标准溶液用基准物质来"标定"其准确浓度。

例如，NaOH 标准溶液常用邻苯二甲酸氢钾、草酸等基准物质来标定其准确浓度。

2. 比较标定法

准确吸取一定量的待标液，用已知准确浓度的标准溶液滴定，或准确吸取一定量标准溶液，用待标液滴定，根据两种溶液的体积和标准溶液的浓度来计算待标液浓度。这种用标准溶液来测定待标液准确浓度的操作过程称为"比较标定"。显然，这种方法不如直接标定的方法好，因为标准溶液的浓度不准确就会直接影响待标定溶液浓度的准确性。因此，标定时应尽量采用直接标定法。

标定时，不论采用哪种方法，都应注意以下几点。

（1）一般要求应平行测定 3～4 次，至少 2～3 次，相对偏差≤0.2%。

（2）为了减小测量误差，称取基准物质的量不应太少（≥0.2g）；滴定时消耗标准溶液的体积也不应太小（≥20mL）。

（3）配制和标定溶液时用的量器（如滴定管、移液管和容量瓶等），必要时需进行校正。

（4）标定后的标准溶液应妥善保存。

值得注意的是，间接配制和直接配制所使用的仪器有差别。例如，间接配制时可使用量筒、托盘天平等仪器，而直接配制时必须使用移液管、分析天平、容量瓶等仪器。

第三节 滴定分析法的有关计算

一、滴定分析的计算依据

滴定分析中涉及一系列的计算问题，如标准溶液的配制和浓度的标定，标准溶液和待测物质之间的计量关系及分析结果的计算等。在计算时首先要写出正确的化学反应式，明确滴定分析中的计量关系。

例如，被滴定物质 A 与滴定剂 B 之间的滴定反应为：

$$a\text{A} + b\text{B} = c\text{C} + d\text{D}$$

当 A 和 B 反应完全时，其物质的量之间的关系恰好符合该化学反应式所表达的化学计量关系，即 A、B 的物质的量 n_A、n_B 之比等于反应系数之比，即

$$\frac{n_A}{n_B} = \frac{a}{b}$$

（1）若被滴定的物质为溶液 A，设浓度为 c_A，取体积 V_A，而滴定剂的浓度已知为 c_B，到达化学计量点时消耗的体积为 V_B。

根据　$n_A = c_A \times V_A$，$n_B = c_B \times v_B$，则有

$$c_A \times V_A = c_B \times V_B \times \frac{a}{b}$$

通过测量滴定剂的体积 V_B，便可以由上式求得被滴定物的未知浓度 c_A。

（2）如欲测定被滴定物质 A 的质量 m_A，可根据摩尔质量 $M_A = m_A/n_A$，得：

$$m_A = n_A \times M_A = c_B \times V_B \times \frac{a}{b} \times M_A$$

（3）若被滴定物质 A 是某未知试样的组分之一，测定时试样的称样量为 m_s，就可以进一步计算得到物质 A 在试样中的质量分数 ω_A：

$$\omega_A = \frac{m_A}{m_s} = \frac{a}{b} \times \frac{c_B \times V_B \times M_A}{m_s \times 1000}$$

式中，分母乘以 1000 是由于滴定剂的体积 V_B 一般以 mL 为单位，而浓度的单位为 $mol \cdot L^{-1}$，摩尔质量的单位为 g/moL，称量 m_s 的单位为 g，因此必须进行单位换算。上式可用百分含量表示为：

$$\omega_A = \frac{m_A}{m_s} \times 100\% = \frac{a}{b} \times \frac{c_B \times V_B \times M_A}{m_s \times 1000} \times 100\%$$

二、滴定分析的计算

【例题 1】用硼砂（$Na_2B_4O_7 \cdot 10H_2O$）作基准物质，标定 HCl 溶液的浓度，准确称取 0.2935g 硼砂，滴定至终点时消耗 HCl 溶液 30.23mL，计算该 HCl 溶液的浓度。（已知 $M_{Na_2B_4O_7 \cdot 10H_2O} = 381.37g/mol$）

解：硼砂与 HCl 的反应式为：

$$Na_2B_4O_7 \cdot 10H_2O + 2HCl == 4H_3BO_3 + 2NaCl + 5H_2O$$

由反应知，1mol 的硼砂恰好与 2mol 的 HCl 完全反应，到达化学计量点时：

$$n_{HCl} = 2n_{Na_2B_4O_7 \cdot 10H_2O}$$

$$c(\mathrm{HCl}) = \frac{2 \times m(\mathrm{Na_2B_4O_7 \cdot 10H_2O}) \times 1000}{M(\mathrm{Na_2B_4O_7 \cdot 10H_2O}) \times V(\mathrm{HCl})}$$

$$= \frac{2 \times 0.2935\mathrm{g} \times 1000}{381.37\mathrm{g/mol} \times 30.23\mathrm{mL}} \approx 0.0509\mathrm{mol \cdot L^{-1}}$$

答：该 HCl 溶液的浓度大约为 $0.0509\mathrm{mol \cdot L^{-1}}$。

【例题2】称取 0.4818g 不纯的 K_2CO_3 试样，用 $0.2003\mathrm{mol \cdot L^{-1}}$ 的 HCl 溶液滴定，终点时消耗 HCl 溶液体积为 32.15mL，计算该试样中 K_2CO_3 的质量分数。（已知 $M_{\mathrm{K_2CO_3}} = 138.21\mathrm{g/mol}$）

解：　K_2CO_3 与 HCl 的反应式为：$K_2CO_3 + 2HCl \rightleftharpoons 2KCl + H_2O + CO_2 \uparrow$

由反应知，1mol 的 K_2CO_3 恰好与 2mol 的 HCl 完全反应，到达化学计量点时：

$$n(\mathrm{HCl}) = 2n(\mathrm{K_2CO_3})$$

$$\omega_A = \frac{m_A}{m_s} \times 100\% = \frac{a}{b} \times \frac{c_B \times V_B \times M_A}{m_s \times 1000} \times 100\%$$

$$= \frac{1}{2} \times \frac{0.2003\mathrm{mol/L} \times 32.15\mathrm{mL} \times 138.21\mathrm{g/mol}}{0.4818\mathrm{g} \times 1000} \times 100\%$$

$$\approx 92.36\%$$

答：该试样中 K_2CO_3 的质量分数约为 92.36%。

第四节　滴定分析常用仪器

一、滴定管

滴定管是滴定时用来准确测量滴定中所用标准溶液体积的量器。它是细长、均匀且具有精密刻度的玻璃管状容器，下端具有活栓阀门用来控制滴定的速度，其中间具有刻度指示量度。一般常用的滴定管为 25mL 或 50mL 的常量滴定管，最小刻度为 0.1mL，读数可读到 0.01mL。此外还有 10mL、5mL、2mL 的半微量或微量滴定管。滴定管分为两种，一种是下端带有玻璃活塞的酸式滴定管，用于盛放酸性、中性或氧化性溶液，不能盛放碱性溶液，如图 4-1（a）所示；另一种是下端用橡皮管连接一支带有尖嘴的小玻璃管，橡皮管内有一个玻璃圆珠，称为碱式滴定管，用于盛放碱性溶液，不能盛放酸性溶液或氧化性溶液，如图 4-1（b）所示。

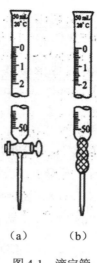

（a） （b）

图 4-1 滴定管

（一）滴定管的准备

1. 试漏

滴定管在使用前，应该检查是否漏水，活塞转动是否灵活。方法是：检查酸式滴定管时，先关闭活塞，用水充满至"0"刻线以上，直立约 2min，再用滤纸在活塞周围和下端管口检查是否有水渗出。如果没有水渗出，将活塞旋转 180°，直立 2min，再用滤纸检查。检查碱式滴定管时，只需装水至最高标线后，直立 2min，用滤纸擦拭管尖，如漏水则需更换直径合适的乳胶管和大小合适的玻璃珠。

2. 涂油

如果发现酸式滴定管漏水或活塞旋动不灵活，则需取下活塞涂油。涂油时，将滴定管平放在实验台上，取下活塞，用滤纸仔细将活塞及活塞套内的水擦干，用左手持活塞，右手食指蘸取少量凡士林，并在大拇指上蘸几次，使凡士林在食指上分布均匀，之后用食指分别在活塞孔的两边距孔约 2mm 处轻轻转一圈即可。然后将活塞平行插入活塞套内，压紧并向同一方向旋转活塞几次，使凡士林分布均匀呈透明状态，再用胶皮圈套住活塞颈部，固定在滴定管上，以防活塞脱落。涂油过多会堵塞活塞孔或尖嘴管的孔道。若发现活塞旋转不灵活或出现纹路，表示涂油过少，起不到防漏的作用。这两种不正常的操作都应避免。

3. 洗涤

滴定管必须洗净至将管内的水倒出后管壁不挂水珠。如果无明显油污，可以用自来水、蒸馏水冲洗。若采用上述方法仍不能洗干净，则用洗液浸泡一段时间后，再用自来水冲洗干净，最后用蒸馏水润洗 2～3 次。洗涤时，双手平持滴定管两端无刻度处，边转动滴定管边向管口倾斜，使水清洗全管后，再将滴定管直立，从出口处放水，也可以从出口处放出部分水，淋洗滴定管尖嘴处后，从上部管口倒出残留的水。

4. 装溶液

为避免标准溶液浓度发生变化，在装入标准溶液前，要先用该溶液润洗滴定管 2～3 次，每次用量 10mL 左右，润洗方法同前。然后装入标准溶液至"0"刻度以上。装标准溶液时，要将标准溶液直接从试剂瓶倒入滴定管内，不要经过其他容器，以免污染或影响标准溶液的浓度。标准溶液装入后，检查滴定管的尖嘴有无气泡，有则必须排出。对于酸式滴定管可迅速转动活塞，使溶液急速流出，将气泡带走。对于碱式滴定管，可将橡皮管向上弯曲，挤压稍高于玻璃珠所在处的橡皮管，使溶液从出口处喷出而除去气泡（见图 4-2）。

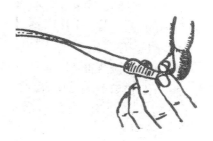

图 4-2　碱式滴定管排气泡法

（二）滴定操作

每次滴定前，先把滴定管液面调至"0"刻度处，再把悬挂在滴定管尖嘴上的液滴用滤纸吸去。滴定最好在锥形瓶中进行，也可在烧杯中进行。酸式滴定管操作时，用左手的拇指、食指和中指控制活塞，无名指和小拇指抵住活塞下部，手心内凹，不接触活塞，适当转动活塞，有效地控制滴定液的流速，见图 4-3（a）。碱式滴定管操作时，用左手的大拇指和食指捏挤玻璃珠中上部的橡皮管（注意不要捏挤玻璃珠的下部，更不能捏挤玻璃珠所在部位，避免放手后空气进入形成气泡），使橡皮管与玻璃珠之间形成一条小缝隙，即可有效地控制滴定液的流速。

在锥形瓶中滴定时，滴定管尖伸入锥形瓶口 1～2cm 处，若尖嘴高于瓶口，容易使滴定剂损失，若尖嘴伸入瓶口太深，则不方便操作。右手持锥形瓶的瓶颈摇动锥形瓶，使溶液沿一个方向旋转，边滴边振荡，使滴下去的溶液尽快混匀，见图 4-3（b）。滴定开始时速度可快些，一般每秒 3～4 滴，不可呈液柱状加入。近终点时速度要放慢，加一滴溶液振荡几秒钟，最后可能还要加一次或几次半滴才能到达终点。半滴溶液的加入方法是使溶液在滴定管尖悬而未滴，再用锥形瓶内壁靠入瓶中，然后用洗瓶吹入少量水，将内壁附着的溶液冲洗下去。

滴定有时也可在烧杯中进行。在烧杯中滴定时，烧杯可放在滴定台上，将滴定管伸入烧杯 1cm 处并位于烧杯左侧，但不要接触烧杯壁，右手持玻璃棒以圆周方向搅拌溶液，不要接触烧杯壁和底以及滴定管尖，见图 4-3（c）。边滴边搅拌，近终点加半滴溶液时，用玻璃棒下端轻轻接触管尖悬挂的液滴将其引下，放入溶液中搅拌。

滴定过程中一定要注意观察溶液颜色的变化，左手自始至终不能离开滴定管。掌握"左手滴，右手摇，眼把瓶中颜色瞧"的基本原则。平行实验时，每次滴定均应从"0"刻度开始，以消除刻度不够准确而造成的系统误差；所用标准溶液体积不能过少，也不能超过滴定管的容积，不然均会使误差增大；临近终点时，用少量蒸馏水淋洗锥形瓶内壁，以防残留溶液未反应而造成误差。

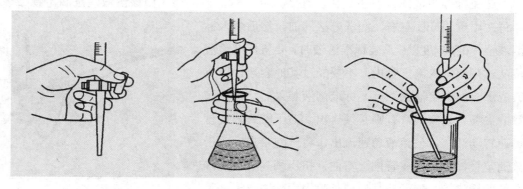

（a）左手转动旋塞法　　（b）滴定锥形瓶中溶液　　（c）滴定烧杯中溶液

图 4-3　滴定管操作方法

（三）滴定管的读数

滴定管在装满或放出溶液后应等 1～2min，使附着在内壁上的溶液完全流下后再读数。用拇指和食指持滴定管的液面上无刻度处，使滴定管保持垂直状态，视线与液面刻度处在同一水平线上。如果是无色溶液或者浅色溶液则应读取弯月面下缘最低点相切位置的刻度。对于有色溶液，如高锰酸钾、碘液等溶液，读取视线与液面两侧的最高点呈水平的刻度。对于白底蓝线滴定管，无色溶液的读数应以两个弯月面相交的最尖部为准，深色溶液也是读取液面两侧最高点对应的刻度。为了协助读数，可用黑纸或黑白纸板作为读数卡，衬在滴定管的背后，黑色部分在弯月面下约 1mm 处，读取弯月面（变成黑色）下缘最低点对应的刻度。

（四）滴定管用后的处理

滴定管使用完毕后，把管中剩余的液体倒出，用水冲洗干净，将洗净的滴定管倒置于滴定管架上。

二、移液管和吸量管

移液管和吸量管都是用来准确移取一定体积溶液的量器。移液管是中间膨大、两端细长的玻璃管，在管的上端有一环形标线，表示在一定温度下移出液体的体积。膨大部分标有它的容积和标定时的温度，下端是一尖嘴管，以控制液体流出的速度。常用的移液管有 5mL、10mL、20mL、25mL、50mL 等规格。吸量管是刻有分刻度的玻璃管，也称刻度吸管，管身直径均匀，刻有体积读数，可用于吸取不同体积的液体。常用的吸量管有 1mL、2mL、5mL、10mL 等规格。

移液管和吸量管的洗涤与使用方法见实验一。

三、锥形瓶

滴定分析操作中常用锥形瓶作为滴定反应器，锥形瓶为平底窄口的锥形容器，口小、底大，在滴定过程中进行振荡时，可使反应充分而液体不易溅出。该容器可以在水浴或电炉上加热，有各种不同的规格。为了防止滴定液下滴时溅出瓶外而造成较大的误差，须用右手拇指、食指及中指握住瓶颈处，并以手腕晃动，使之振荡均匀，也可以将瓶子放在磁搅拌器上搅拌。滴定时要根据待测液的体积来选择相应规格的锥形瓶，使得装入液体的体积最好不超过其容积的 1/2，装入过多液体在滴定时容易溅出。

习　　题

1. 什么叫滴定分析？它的主要分析方法有哪些？

2. 什么叫滴定？什么叫滴定度？什么样的溶液称为标准溶液？

3. 什么是化学计量点？什么是滴定终点？两者有何不同？

4. 什么是基准物质？基准物质应具备什么条件？

5. 什么是标准溶液？如何配制？

6. 滴定分析常用仪器中移液管、滴定管、锥形瓶洗净后，哪种仪器在装入溶液之前，需要用待装液洗涤 2~3 次？哪种仪器不用待装液洗涤即可使用？为什么？

7. 标定标准溶液时应注意什么？

8. 什么叫滴定度？

9. 准确称取基准物质 $K_2Cr_2O_7$ 1.5342g，溶解后定量转移到 250mL 容量瓶中，问此 $K_2Cr_2O_7$ 溶液的物质的量浓度是多少？

10. 用 NaOH 标准溶液分析食醋中醋酸（HAc）的含量，量取食醋试样 10.00mL，用去浓度为 0.2948mol·L^{-1} 的 NaOH 标准溶液 22.35mL，计算试样中 HAc 的质量分数。（食醋密度为 1.055g / mL）

第五章　酸碱滴定法

【知识目标】

1. 了解酸碱滴定法的原理和基本概念。
2. 熟悉常用的酸碱指示剂，知道酸碱指示剂的变色原理、变色范围和影响因素。
3. 掌握酸碱滴定分析的方法和应用。

【技能目标】

1. 掌握分析天平的称量技术。
2. 掌握酸碱滴定的基本操作。
3. 掌握酸碱标准溶液的配制和标定。

在分析化学中，应用最多的化学反应包括酸碱反应、氧化还原反应、沉淀反应和配位反应等。这四类反应广泛地应用于试样的分解、元素的分离及其他各种测定方法中。而参与这些反应的物质主要是酸、碱和盐，它们都是电解质。电解质一般可分为强电解质和弱电解质两类。在水溶液中能完全电离的电解质称为强电解质（强酸、强碱和大多数的盐）；在水溶液中仅能部分电离的电解质称为弱电解质（弱酸、弱碱和水）。

第一节　酸碱质子理论

一、酸碱质子理论及共轭酸碱对

根据酸碱电离理论，电解质在水溶液中离解时所生成的阳离子全部是 H^+ 的化合物是酸，离解时所生成的阴离子全部是 OH^- 的化合物是碱。例如：

$$酸：HAc \Longrightarrow H^+ + Ac^- \qquad 碱：NaOH \Longrightarrow Na^+ + OH^-$$

但电离理论有一定局限性，它只适用于水溶液，不适用于非水溶液。为了把水溶液和非水溶液中的酸碱平衡问题统一起来，1923 年，丹麦化学家布朗斯特和德国化学家劳瑞同时分别在酸碱电离理论的基础上，提出了酸碱质子理论。该理论保留了电离理论的完整性，接受了电离理论长期积累的数据和实验资料，在概念上更为广泛；溶剂不限于水，也可以是非水溶剂。

质子理论认为：凡是能给出质子（H^+）的物质是酸；凡是能接受质子（H^+）的物质是碱。它们之间的关系可用下式表示：

$$酸 \xrightleftharpoons{\hspace{1cm}} 质子 + 碱$$

例如：

$$HAc \xrightleftharpoons{\hspace{1cm}} H^+ + Ac^-$$

上式中的 HAc 是酸，它给出质子（H^+）后，剩下的（Ac^-）对于质子具有一定的亲和力，能接受质子，因而是一种碱。酸与碱的这种相互依存的关系叫作共轭关系。这种因一个质子的得失而相互转变的每一对酸碱，称为共轭酸碱对。因此酸碱也可以认为是同一种物质在质子得失过程中的不同状态。

共轭酸碱对可再举例如下：

$$HClO_4 \xrightleftharpoons{\hspace{1cm}} H^+ + ClO_4^-$$
$$HSO_4^- \xrightleftharpoons{\hspace{1cm}} H^+ + SO_4^{2-}$$
$$NH_4^+ \xrightleftharpoons{\hspace{1cm}} H^+ + NH_3$$
$$H_6Y^{2+} \xrightleftharpoons{\hspace{1cm}} H^+ + H_5Y^+$$

可见酸碱可以是阴离子、阳离子，也可以是中性分子。酸较其共轭碱多一个质子。

上面各个共轭酸碱对的质子得失反应称为酸碱半反应。在酸碱半反应中，酸（HB）失去一个质子后，转化为它的共轭碱（B^-），碱（B^-）得到质子后转化为它的共轭酸（HB）。

二、酸碱反应

根据酸碱质子理论，任何酸碱反应都是两个共轭酸碱对之间相互传递质子的反应。其通式为：

$$酸_1 + 碱_2 \xrightleftharpoons{\hspace{1cm}} 碱_1 + 酸_2$$

它由两个反应组成：

$$酸_1 \xrightleftharpoons{\hspace{1cm}} H^+ + 碱_1$$
$$酸_2 \xrightleftharpoons{\hspace{1cm}} H^+ + 碱_2$$

酸$_1$把 H^+ 传递给了碱$_2$，酸$_1$变成了碱$_1$，碱$_2$变成了酸$_2$。

例如：

$$NH_3 + H_2O \xrightleftharpoons{\hspace{1cm}} OH^- + NH_4^+$$
$$HAc + H_2O \xrightleftharpoons{\hspace{1cm}} H_3O^+ + Ac^-$$

总之，各种酸碱反应过程都是质子的转移过程，因此运用质子理论就可以找出各种酸碱反应的共同基本特征。

第二节 弱电解质的电离平衡

一、水的电离和溶液的酸碱性

1. 水的电离

作为溶剂的水，既能给出质子起酸的作用，又能接受质子起碱的作用，因此水实际上是一种两性物质，水分子之间也可以发生质子的传递反应：

$$H_2O + H_2O \rightleftharpoons H_3O^+ + OH^-$$

上式可简写为：$H_2O \rightleftharpoons H^+ + OH^-$

其平衡常数表达式为：$K_W = [H^+][OH^-]$

K_W 称为水的离子积常数，或称水的质子自递常数，简称水的离子积。在一定温度下，水溶液中 H^+ 和 OH^- 浓度的乘积是一个常数。实验测得，298K 时，在纯水中，H^+ 和 OH^- 浓度相等。

$$K_W = [H^+][OH^-] = 1.00 \times 10^{-14}$$

K_W 随温度的升高而增大，如 373K 时，$K_W = 1.00 \times 10^{-12}$。水的离子积不仅适用于纯水，也适用于所有稀的水溶液。

2. 溶液的酸碱性和 pH 值

溶液的酸碱性取决于溶液中 H^+ 和 OH^- 浓度的相对大小，常温下：

酸性溶液　　$[H^+] > [OH^-]$，　即 $[H^+] > 1 \times 10^{-7} mol \cdot L^{-1}$

中性溶液　　$[H^+] = [OH^-]$，　即 $[H^+] = 1 \times 10^{-7} mol \cdot L^{-1}$

碱性溶液　　$[H^+] < [OH^-]$，　即 $[H^+] < 1 \times 10^{-7} mol \cdot L^{-1}$

在实际应用中，溶液的酸碱度一般用 H^+ 浓度来统一表示。但当溶液中 H^+ 和 OH^- 浓度较小时，常用 pH 值来表示溶液的酸碱性。pH 值为 H^+ 浓度的负对数，即

$$pH = -lg [H^+]$$

若用 pH 值来表示溶液的酸碱性，则

酸性溶液　　$[H^+] > 1 \times 10^{-7} mol \cdot L^{-1}$　　pH<7

中性溶液　　$[H^+] = 1 \times 10^{-7} mol \cdot L^{-1}$　　pH=7

碱性溶液　　$[H^+] < 1 \times 10^{-7} mol \cdot L^{-1}$　　pH>7

二、弱酸弱碱电离平衡

1. 电离常数

根据酸碱质子理论，酸（或碱）在水中的电离实际上是酸（或碱）和水之间的质子转移的酸碱反应。弱酸和弱碱（弱电解质）在水溶液中是不完全反应的，呈化学平衡状态，称为电离平衡。

对于反应：　　$HB + H_2O \rightleftharpoons H_3O^+ + B^-$

平衡常数用 K_a 表示：　　$K_a = \dfrac{[H^+][B^-]}{[HB]}$

K_a 叫作弱酸的电离常数，在一定温度下，其值是一定的。

对于反应：　　$B^- + H_2O = HB + OH^-$

平衡常数用 K_b 表示：　　$K_b = \dfrac{[HB][OH^-]}{[B^-]}$

K_b 叫作弱碱的电离常数，在一定温度下为一定值。电离常数可以表示弱电解质在电离平衡时电离为离子趋势的大小。在水溶液中，酸的强度取决于它将质子给予水分子的能力，而碱的强度则取决于它从水分子中夺取质子的能力。

共轭酸碱对 K_a 与 K_b 有下列关系（25℃）：

$$K_a \cdot K_b = [OH^-][H^+] = K_W = 1.0 \times 10^{-14}$$

或　　　　　　　　　　　　　　$pK_a + pK_b = pK_W$

因此，对于共轭酸碱对，酸的酸性越强，则其对应碱的碱性越弱；反之，酸的酸性越弱，则其对应碱的碱性越强。

2. 溶液 pH 值的计算

酸碱滴定的过程，也就是溶液 pH 值不断变化的过程。为揭示滴定过程中溶液 pH 值的变化规律，首先要学习几类典型酸碱溶液 pH 值的计算方法。在使用近似值公式或最简式进行计算时，必须注意有关公式的应用条件，这样才能保证计算结果的准确度。

基本公式：　　　　　　　　$pH = -\lg [H^+]$

溶液的酸碱性也可用 pOH 表示：　$pOH = -\lg[OH^-]$

又因为　　　　　　　　$K_W = [H^+][OH^-] = 1.00 \times 10^{-14}$

所以
$$pK_W = pH + pOH = 14$$

（1）强酸强碱溶液

强酸（强碱）在溶液中全部解离，只要强酸（强碱）的浓度不是很低，$c \geqslant 10^{-6} \mathrm{mol \cdot L^{-1}}$，则可以忽略水的解离，溶液的酸（碱）度由强酸（强碱）的解离决定。

（2）一元弱酸、弱碱溶液

设弱酸 HB 的浓度为 $c \, \mathrm{mol \cdot L^{-1}}$，它在溶液中有下列解离平衡：

$$HB \rightleftharpoons H^+ + B^-$$

解离达到平衡时，各型体的平衡浓度分别为$[H^+]$、$[B^-]$和$[HB]$。同时溶液中还存在水的解离平衡：

$$H_2O \rightleftharpoons H^+ + OH^-$$

对于浓度不是太稀和强度不是太弱的弱酸溶液，可忽略水本身解离的影响（判别条件 $cK_a \geqslant 20K_W$），溶液中$[H^+]$由弱酸的解离决定。

由一元弱酸解离平衡知
$$[H^+] = [B^-]$$
$$[HB] = c - [B^-] = c - [H^+]$$

$$K_a = \frac{[H^+][B^-]}{[HB]} = \frac{[H^+]^2}{c - [H^+]}$$

整理
$$[H^+]^2 + K_a[H^+] - K_a c = 0$$

$$[H^+] = \frac{-K_a + \sqrt{K_a + 4K_a c}}{2}$$

上式是计算一元弱酸溶液中$[H^+]$的近似公式，应用条件为：$cK_a \geqslant 20K_W$，忽略水的解离，但 $c/K_a < 500$ 时需考虑弱酸的解离对弱酸平衡浓度的影响。

若平衡时溶液中$[H^+]$的浓度远小于弱酸的原始浓度，则

$$[HB] = c - [H^+] \approx c \quad （忽略弱酸的解离对弱酸平衡浓度的影响）$$

此时，
$$\frac{[H^+][B^-]}{[HB]} = \frac{[H^+]^2}{c} = K_a$$

$$[H^+] = \sqrt{K_a c}$$

上式是计算一元弱酸溶液中[H⁺]浓度的最简公式，当 $cK_a \geqslant 20K_W$，而且 $c/K_a < 500$ 时，即可采用最简公式进行计算。

同理，可推导出一元弱碱溶液中 OH⁻ 浓度的计算公式。

设弱碱的浓度为 $c\ \text{mol} \cdot \text{L}^{-1}$。

近似式： $$[OH^-] = \frac{-K_b + \sqrt{K_b^2 + 4K_b c}}{2}$$

最简式： $$[OH^-] = \sqrt{K_b c} \quad （应用条件 cK_b \geqslant 20K_W，\ c/K_b \geqslant 500）$$

三、缓冲溶液

如果向 pH=7 的纯水中加入少量酸或碱，溶液的 pH 值将会有很大变化。但有一种溶液，加入少量酸或碱后，其溶液的 pH 值不发生明显变化。这种溶液就是缓冲溶液。缓冲溶液是指能对抗外来少量酸或碱，而本身 pH 值几乎不变的溶液。它能对溶液的酸度起稳定作用，它的酸度不因外加少量的酸或碱、或反应中产生的少量酸或碱，以及稀释而发生显著变化。

缓冲溶液一般由两种成分构成，一种是抗酸成分，另一种是抗碱成分。常把这两种成分称为缓冲对。常见的缓冲对有以下三种类型。

弱酸和弱酸盐：如 HAc–NaAc。（pH = 4～6）

弱碱和弱碱盐：如 $NH_3 \cdot H_2O$–NH_4Cl。（pH = 9～11）

多元弱酸的两种盐：如 NaH_2PO_4–Na_2HPO_4。（pH = 6～8）

1. 缓冲作用原理

现以 HAc–NaAc 缓冲体系为例说明其作用原理，它们在水溶液中按下式进行反应：

$$HAc \rightleftharpoons H^+ + Ac^-$$
$$NaAc \rightarrow Na^+ + Ac^-$$

该缓冲体系的主要成分是 HAc 和 Ac⁻。

向此溶液中加少量强酸（如 HCl）时，加入的 H⁺ 与溶液中的主要成分 Ac⁻ 反应生成难解离的 HAc，使 HAc 的解离平衡向左移动，溶液中 [H⁺] 增加极少，即 pH 值改变不显著，Ac⁻ 称为抗酸成分。

向此溶液中加少量强碱（如 NaOH）时，加入的 OH⁻ 与溶液中 H⁺ 反应生成 H_2O，促使 HAc 继续解离，平衡向右移动，溶液中 [H⁺] 降低也不多，pH 值没有明显变化，HAc 称为抗碱成分。

如果将溶液适当稀释，HAc 和 Ac⁻ 的浓度都相应降低，使 HAc 的解离度相应增大，将在一定程度上抵消因溶液稀释而引起的 [H⁺] 下降，因此 [H⁺] 或 pH 值变化仍然很小。

由上述可知，缓冲溶液有抗酸成分和抗碱成分，当遇到外加少量酸或碱时，仅仅造成了弱电解质的解离平衡的移动，实现了抗酸抗碱成分的互变，借以控制溶液的［H^+］。

2. 缓冲范围及缓冲溶液的选择

向缓冲溶液加入少量强酸或强碱或将其稍加稀释时，溶液的 pH 值基本保持不变。但是，继续加入强酸或强碱，缓冲溶液对酸或碱的抵抗能力就会减小，甚至失去缓冲作用。可见，一切缓冲溶液的缓冲作用都是有限度的。就每一种缓冲溶液而言，只能加入一定量的酸或碱，才能保持溶液的 pH 值基本不变。因此每种缓冲溶液只具有一定的缓冲能力。

缓冲容量是衡量缓冲溶液缓冲能力大小的尺度，它的物理意义是使 1L 缓冲溶液的 pH 值增加一个单位时所需加入强碱的物质的量；或使 1L 溶液的 pH 值减少一个单位时所需要加入强酸的物质的量。

缓冲溶液的缓冲容量越大，其缓冲能力就越强。缓冲容量的大小与缓冲组分的总浓度及其比值有关，当缓冲组分浓度比一定时，总浓度越高，缓冲容量就越大，所以过度稀释将导致缓冲溶液的缓冲能力显著降低。而当缓冲组分总浓度一定时，缓冲组分的浓度比越接近于 1，缓冲容量就越大。缓冲组分总浓度一定时，缓冲组分浓度比离 1 越远，缓冲容量就越小，甚至可能失去缓冲作用，因此缓冲溶液的缓冲作用都有一个有效的 pH 值范围。在实际应用中，常用缓冲组分的浓度比为 0.1～10 作为缓冲溶液 pH 值的缓冲范围，因而缓冲溶液 pH 值的缓冲范围为：

$$pH = pK_a \pm 1$$

对于碱式缓冲溶液，缓冲范围则为：

$$pH = 14 - (pK_b \pm 1)$$

例如 HAc-NaAc 缓冲体系，$pK_a = 4.74$，其缓冲范围为 pH=3.74～5.74；又如 NH_3-NH_4Cl 缓冲体系，$pK_b = 4.74$，缓冲范围为 pH=8.26～10.26。

分析化学中用于控制溶液酸度的缓冲溶液很多，通常根据实际情况选择不同的缓冲溶液。缓冲溶液的选择原则是：

（1）缓冲溶液对测定过程应没有干扰。

（2）缓冲溶液应具有足够的缓冲容量，通常缓冲组分的浓度一般为 0.01～1.0 mol·L^{-1}，以满足实际工作的需要。

（3）所需控制的 pH 值应在缓冲溶液的缓冲范围之内。如果缓冲溶液由弱酸及其共轭碱组成，则 pK_a 应尽量与所控制的 pH 值一致，即 pH≈pK_a；如果缓冲溶液由弱碱及其共轭酸组成，则 pK_b 应尽量与所控制的 pOH 值一致，即 pOH≈pK_b。

一般来讲，pH 值为 0～2，用强酸控制酸度；pH 值为 2～12，用弱酸及其共轭碱或弱碱及其共轭酸组成缓冲溶液控制酸度；pH 值为 12～14，用强碱控制酸度。

第三节　指示剂的选择

酸碱中和反应通常不发生任何外观（如颜色、沉淀等）的变化，在滴定过程中溶液的pH值在不断地变化，为了确定滴定的终点，常采用指示剂法，这种在一定pH值范围内变色的指示剂称为酸碱指示剂。常用的酸碱指示剂是一些有机弱酸或弱碱，在溶液中能部分电离成离子，且结构也发生改变，从而呈现不同的颜色。如酚酞是一种有机弱酸，在酸性溶液中不显色，但在碱性溶液中却显红色。

滴定误差（滴定终点与化学计量点之间的分析误差）的大小主要取决于指示剂的选择，因此选用适当的指示剂才能获得比较准确的分析结果。在滴定分析中，指示剂的变色范围越窄越好。这样，在等量点附近pH值稍有改变时，指示剂便立即由一种颜色变为另一种颜色。常用的酸碱指示剂见表5-1。

表5-1　常用的酸碱指示剂

指示剂	变色范围	酸色	碱色	浓　　度
百里酚蓝	1.2～2.8	红	黄	0.1%（20%乙醇溶液）
甲基橙	3.1～4.4	红	黄	0.1%水溶液
溴酚蓝	3.0～4.6	黄	紫	0.1%（20%乙醇溶液或其钠盐水溶液）
甲基红	4.4～6.2	红	黄	0.1%（60%乙醇溶液或其钠盐水溶液）
溴百里酚蓝	6.2～7.6	黄	蓝	0.1%（20%乙醇溶液或其钠盐水溶液）
中性红	6.8～8.0	红	黄	0.5%水溶液
酚酞	8.0～10.0	无	红	0.5%（90%乙醇溶液）
百里酚酞	9.4～10.6	无	蓝	0.1%（90%乙醇溶液）

在酸碱滴定中，为了使终点颜色变化敏锐或使指示剂的变色范围更窄，常使用混合指示剂。混合指示剂有两类配制方法。一类是将两种或两种以上的指示剂按比例混合，利用颜色的互补作用，使指示剂变色范围更窄，变色更敏锐，有利于判断终点，提高分析的准确度。另一类是在某种指示剂中加入一种不随H^+浓度变化而改变颜色的惰性染料。例如，采用中性红与次甲基蓝混合配制的指示剂，当配比为1∶1时，混合指示剂在pH=7.0时呈现蓝紫色，其酸色为蓝紫色，碱色为绿色，变色很敏锐。常用的混合指示剂见表5-2。

表5-2　常用的酸碱混合指示剂

| 混合指示剂的组成 | | 变色点 | 颜　　色 | | 备　　注 |
比例	成分	（pH）	酸色	碱色	
1∶1	0.1%甲基黄乙醇溶液 0.1%次甲基蓝乙醇溶液	3.25	蓝紫	绿	pH=3.4 绿色 pH=3.2 蓝紫色
1∶1	0.1%甲基橙溶液 0.25%靛蓝二磺酸钠溶液	4.1	紫	黄绿	

（续表）

3∶1	0.1%溴甲酚绿乙醇溶液 0.2%甲基红乙醇溶液	5.1	酒红	绿	
1∶1	0.1%中性红乙醇溶液 0.1%次甲基蓝乙醇溶液	7.0	蓝紫	绿	pH=7.0 紫蓝色
1∶3	0.1%中性红乙醇溶液 0.1%百里酚蓝钠盐溶液	8.3	黄	紫	pH=8.2 玫瑰红 pH=8.4 清晰的紫色

选择酸碱指示剂的原则：

强酸滴定强碱，化学计量点 pH≈7 时，选用中性范围内变色的指示剂；

强酸滴定弱碱，化学计量点 pH＜7 时，选用酸性范围内变色的指示剂；

强碱滴定弱酸，化学计量点 pH＞7 时，选用碱性范围内变色的指示剂。

第四节 酸碱滴定法

一、酸碱滴定的基本原理

在酸碱滴定过程中，随着滴定剂不断地加入到被滴定溶液中，溶液的 pH 值不断变化。我们必须了解滴定过程中溶液 pH 值的变化规律，才能选择合适的指示剂，正确地指示滴定终点，获得准确的测量结果。根据前面讲到的酸碱平衡原理，通过计算，以溶液的 pH 值为纵坐标，以滴定剂的加入量为横坐标，绘制滴定曲线，它能展示滴定过程中 pH 值的变化规律。下面分别讨论各种类型的滴定曲线，以了解被测定物质的浓度、解离常数等因素对滴定突跃的影响及如何正确选择指示剂等。

1. 强酸（碱）滴定强碱（酸）

酸碱滴定中的滴定剂一般选用强酸或强碱。

现以 0.1000 mol·L⁻¹ 的 NaOH 溶液滴定 20.00 mL 浓度为 0.1000 mol·L⁻¹ 的 HCl 溶液为例，讨论强碱强酸滴定过程中溶液的 pH 值变化情况。

滴定反应为：$H^+ + OH^- \rightleftharpoons H_2O$，整个滴定过程可分为四个阶段分别考虑。

（1）滴定开始前：溶液中未加入 NaOH，溶液的组成为 HCl，即溶液的 pH 值取决于 HCl 的起始浓度：

$[H^+] = c(\text{HCl}) = 0.1000\ \text{mol·L}^{-1}$ pH=1.00

（2）滴定开始至化学计量点前：滴定开始，随着 NaOH 溶液的不断加入，溶液中 HCl 的量将逐渐减少，溶液的组成为 HCl+NaOH，其 pH 值取决于剩余 HCl 的量。当加入 NaOH 溶液 19.98mL（即滴定进行到 99.90%）时，溶液中的[H⁺]为：

$$[H^+] = \frac{20.00 - 19.98}{20.00 + 19.98} \times 0.1000 = 5.0 \times 10^{-5} mol \cdot L^{-1}$$

$$pH = 4.30$$

从滴定开始至化学计量点前的各点的 pH 值都同样计算。

（3）化学计量点时：当加入 20.00mL NaOH 溶液时，到达化学计量点，NaOH 和 HCl 恰好完全反应，溶液的[H$^+$]来自水的电离。

$$溶液中\ [H^+] = [OH^-] = 1.0 \times 10^{-7} mol \cdot L^{-1}$$

$$pH = 7.00$$

（4）化学计量点后：化学计量点后，HCl 被中和完毕，NaOH 过量，溶液的组成为 NaCl ＋NaOH，pH 值由过量 NaOH 的量来决定。当滴入 20.02mL NaOH 溶液（滴定进行到 100.10%）时：

$$[OH^-] = \frac{20.02 - 20.00}{20.02 + 20.00} \times 0.1000 = 5.0 \times 10^{-5} mol/L$$

$$pOH = 4.30 \qquad pH = 14.00 - 4.30 = 9.70$$

化学计量点后的各点的 pH 值都同样计算。

如此逐一计算，将计算结果列入表 5-3 中，然后以 NaOH 加入量为横坐标（或滴定分数）、对应的 pH 值为纵坐标作图，就可以得到强碱滴定强酸的滴定曲线，如图 5-1 所示。由图 5-1 和表 5-3 可知，在滴定过程中的不同阶段，加入单位体积的滴定剂，溶液 pH 值变化的快慢是不相同的。

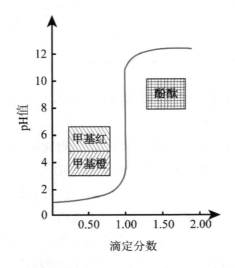

图 5-1　0.1000mol／L1 NaOH 滴定 0.1000mol／L HCl 时的滴定曲线

（1）滴定开始时，溶液中还存在较多的 HCl，酸度较大，加入 NaOH 后，溶液 pH 值的改变是缓慢的，该段曲线比较平坦。随着 NaOH 的不断滴入，HCl 的量逐渐减少，pH 值逐渐增大。

（2）在化学计量点前后，当 NaOH 的加入量从 19.98mL（-0.1%的相对误差）到 20.02mL（+0.1%的相对误差）时，总共加入 0.04mL 的 NaOH 溶液（约 1 滴的量），溶液的 pH 值由 4.30 急剧升高到 9.70，这种在化学计量点附近溶液 pH 值发生显著变化的现象称为滴定的 pH 值突跃。在化学计量点前后相对误差为-0.1%～+0.1%的范围内，溶液 pH 值的变化范围称为滴定突跃范围，简称突跃范围。

表 5-3　用 0.1000 $mol \cdot L^{-1}$ NaOH 滴定 20.00 mL 相同浓度的 HCl

加入标准 NaOH		剩余 HCl 溶液体积/mL	过量 NaOH 溶液的体积/mL	pH
滴定分数（a）	V/mL			
0.000	0.00	20.00		1.00
0.900	18.00	2.00		2.28
0.990	19.80	0.02		3.30
0.998	19.96	0.04		4.00
0.999	19.98	0.02		4.30
1.000	20.00	0.00		7.00
1.001	20.02		0.02	9.70
1.002	20.04		0.04	10.00
0.010	20.20		0.20	10.70
1.100	22.00		2.00	11.70
2.000	40.00		20.00	12.52

（3）在化学计量点后，继续加入 NaOH 溶液，随着溶液中 OH^- 浓度增加，pH 值的变化逐渐减缓，滴定曲线又趋于平坦。

（4）若用 HCl 滴定 NaOH 溶液（条件与前相同），可同样求取其滴定曲线，与上述曲线互相对称，但溶液 pH 值变化的方向相反。滴定突跃 pH 值由 9.70 降至 4.30。

根据上述分析可以得出，滴定到化学计量点附近，溶液 pH 值所发生的突跃现象有重要的实际意义，它是选择指示剂的依据。凡是指示剂变色的 pH 值范围全部或大部分落在滴定突跃范围之内的酸碱指示剂都可以用来指示滴定终点。在本例中，凡在突跃范围（pH=4.30～9.70）以内发生颜色变化的指示剂（如酚酞、甲基红、甲基橙（滴定至黄色）、溴百里酚蓝、酚红等）均可使用。虽然使用这些指示剂确定的终点并非化学计量点，但是可以保证由此差别引起的误差不超过±0.1%。

通过计算，可以得到不同浓度的 NaOH 滴定不同浓度的 HCl 的滴定曲线（见图 5-2）。

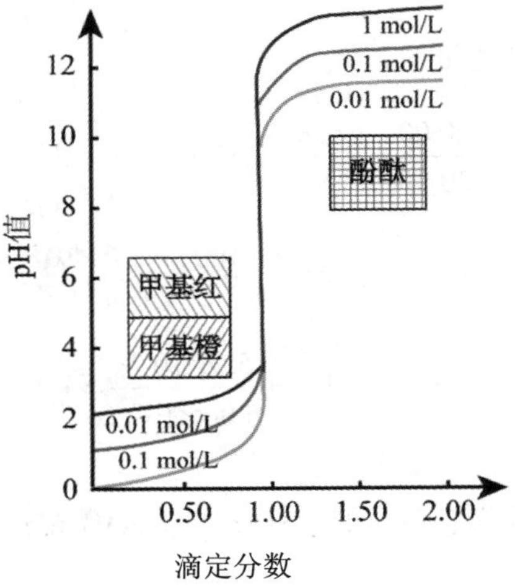

图 5-2 不同浓度的 NaOH 滴定不同浓度的 HCl 时的滴定曲线

由图 5-2 可知，酸碱溶液的浓度越大，滴定突跃范围越大，可供选择的指示剂越多。用 1mol·L^{-1} NaOH 滴定 1mol·L^{-1} HCl，滴定突跃范围为 3.3～10.7，此时若以甲基橙为指示剂，滴定至黄色为终点，滴定误差将小于 0.1%；若用 0.01mol·L^{-1} NaOH 滴定 0.01mol·L^{-1} HCl，滴定突跃范围减小为 5.3～8.7，这时若仍采用甲基橙为指示剂，滴定误差将大于 1%，只能用酚酞、甲基红等指示剂才符合滴定分析的要求。

2. 强碱（酸）滴定一元弱酸（碱）

一元弱酸、弱碱在水溶液中存在电离平衡，滴定过程中溶液 pH 值变化较复杂。现以浓度为 0.1000 mol·L^{-1} NaOH 滴定 20.00mL 的 0.1000 mol·L^{-1} HAc 为例，说明滴定过程中溶液 pH 值的变化情况。滴定反应如下：

$$OH^- + HAc \Longrightarrow Ac^- + H_2O$$

同样把滴定过程中溶液的 pH 值变化分为滴定前、化学计量点前、化学计量点时、化学计量点后四个阶段来讨论。

（1）滴定开始前：溶液中未加入 NaOH，溶液的组成为 HAc，即溶液的 pH 值取决于 HAc 的起始浓度，其 H$^+$ 浓度及 pH 为：

$$[H^+] = \sqrt{K_a c} = \sqrt{1.80 \times 10^{-5} \times 0.1000} = 1.34 \times 10^{-3} (mol/L)$$

$$pH = 2.87$$

（2）滴定开始至化学计量点之前：滴定开始，由于 NaOH 的滴入，溶液中未反应的 HAc 与反应生成的 NaAc 组成缓冲体系，其 pH 值可按下式进行计算：

$$pH = pK_a - \lg \frac{c_{HAc}}{c_{Ac^-}}$$

当滴入 19.98mL NaOH 溶液时：

$$c_{HAc} = \frac{20.00 - 19.98}{20.00 + 19.98} \times 0.1000 = 5.0 \times 10^{-5} (mol/L)$$

$$c_{Ac^-} = \frac{19.98}{20.00 + 19.98} \times 0.1000 = 5.0 \times 10^{-2} (mol/L)$$

$$pH = 4.74 - \lg \frac{5.0 \times 10^{-2}}{5.00 \times 10^{-5}} = 7.74$$

（3）化学计量点时：化学计量点时，HAc 与 NaOH 定量反应全部生成 NaAc，此时，NaAc 的浓度为 0.0500 mol·L^{-1}。

$$[OH^-] = \sqrt{K_b c_{Ac^-}} = \sqrt{\frac{K_W}{K_a} \mathsf{g} c_{Ac^-}} = \sqrt{0.050 \times \frac{1.0 \times 10^{-14}}{1.8 \times 10^{-5}}} = 5.3 \times 10^{-6} (mol/L)$$

$$pOH = 5.28 \quad pH = 14 - 5.28 = 8.72$$

（4）化学计量点后：化学计量点后，溶液由 NaAc 和过量的 NaOH 组成，由于 NaOH 过量，抑制了 NaAc 的水解，溶液的 pH 值主要由过量的 NaOH 决定，其计算方法与强碱滴定强酸相同。当加入 NaOH 20.02mL 时，溶液的 pH 值为 9.70。

将滴定过程中 pH 值变化数据列于表 5-4 中，并绘制滴定曲线如图 5-3 中虚线所示。

表 5-4　0.1000 mol·L^{-1} NaOH 滴定 20.00mL 的 0.1000 mol·L^{-1} HAc

加入标准 NaOH		剩余 HCl 溶液体积/mL	过量 NaOH 溶液的体积/mL	pH 值
滴定分数（a）	V/mL			
0.000	0.00	20.00		2.89
0.900	18.00	2.00		5.70
0.990	19.80	0.20		6.74
0.999	19.98	0.02		7.74
1.000	20.00	0.00		8.72
1.001	20.02		0.02	9.70
1.010	20.20		0.20	10.70
1.100	22.00		2.00	11.70
2.000	40.00		20.00	12.50

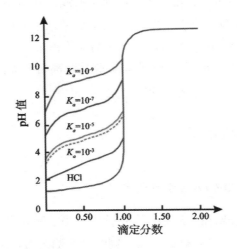

图 5-3 用强碱滴定 $0.1mol \cdot L^{-1}$ 各种强度酸的滴定曲线（其中虚线为 HAc）

与滴定 HCl 相比，NaOH 滴定 HAc 的滴定曲线有如下特点：

（1）滴定前，pH 值比强碱滴定强酸高近 2 个单位，这是因为 HAc 的酸性比同浓度的 HCl 弱。

（2）化学计量点之前，溶液中未反应的 HAc 和反应产物 NaAc 组成缓冲体系，pH 值的变化相对较缓。

（3）化学计量点时，由于滴定产物 NaAc 的水解，溶液呈碱性，pH=8.72。被滴定的酸越弱，化学计量点的 pH 值越大。

（4）化学计量点附近，溶液的 pH 值发生突跃，滴定突跃范围为 pH=8.72，处于碱性范围内，较 NaOH 滴定等浓度的 HCl 溶液的突跃范围（4.30～9.70）减少了很多，因此只能选择在弱碱性范围内变色的指示剂，如酚酞、百里酚酞等来指示滴定终点，而不能使用甲基橙、甲基红等。

滴定弱酸（碱），一般先计算出化学计量点时的 pH 值，选择的变色点尽可能接近化学计量点的指示剂来确定终点，这样比较简便。

用强碱滴定不同的一元弱酸时滴定突跃范围的大小，与弱酸的解离常数 K_a 和浓度 c 有关。当弱酸的浓度一定时，如图 5-3 所示，弱酸的 K_a 越小，滴定突跃范围越小；对于同一种弱酸，酸的浓度越大，滴定突跃也越大。当 $K_a c \geqslant 10^{-8}$ 时，可产生不小于 0.4 个 pH 单位的滴定突跃，人眼可以辨别出指示剂颜色，能被强碱溶液直接目视准确滴定的条件是：$K_a c \geqslant 10^{-8}$。

关于强酸滴定弱碱，例如用 $0.1000 \ mol \cdot L^{-1}$ HCl 滴定 20.00mL 的 $0.1000 \ mol \cdot L^{-1}$ $NH_3 \cdot H_2O$ 溶液：

$$H^+ + NH_3 \rightarrow NH_4^+$$

也可以采用分四个滴定阶段的思路求取其滴定曲线，其与 NaOH 滴定 HAc 的曲线相似，但 pH 值变化的方向相反。化学计量点时是 NH_4^+ 的水溶液呈酸性（pH=5.28），滴定突跃范围为（pH=6.25～4.30），可选甲基红、溴甲酚绿为指示剂。

强酸滴定弱碱时，滴定突跃范围的大小与弱碱的解离常数 K_b 及浓度有关。当 $K_a c \geqslant 10^{-8}$ 时，此弱碱才能用标准强酸溶液直接滴定。

二、酸碱滴定法的应用

1. 烧碱中 NaOH 和 Na₂CO₃ 含量的测定

氢氧化钠俗称烧碱，烧碱在生产和储存过程中，由于吸收空气中的 CO_2 而成为 NaOH 和 Na_2CO_3 的混合碱，因此，测定烧碱含量的同时，要测定 Na_2CO_3 的含量。

精密称取质量为 m_s 的样品，用适量蒸馏水溶解后，加入酚酞指示剂，用浓度为 c 的 HCl 标准溶液滴定至红色刚消失，指示第一计量点的到达，记下所用 HCl 的体积 V_1，这时 NaOH 全部被中和，而 Na_2CO_3 仅被中和为 $NaHCO_3$。

$$NaOH + HCl == NaCl + H_2O$$
$$Na_2CO_3 + HCl == NaCl + NaHCO_3$$

然后向溶液中加入甲基橙，继续用 HCl 滴定至橙红色（为了使观察终点明显，在终点前可暂停滴定，加热除去 CO_2），指示第二计量点的到达，记下滴定 $NaHCO_3$ 所消耗 HCl 的体积 V_2。

$$NaHCO_3 + HCl == NaCl + CO_2\uparrow + H_2O$$

由计算关系知，Na_2CO_3 被中和为 $NaHCO_3$ 以及 $NaHCO_3$ 被中和为 H_2CO_3 所消耗 HCl 的体积是相等的，所以

$$\omega_{Na_2CO_3} = \frac{c_{HCl}V_2 M_{Na_2CO_3}}{m_s} \times 100\%$$

$$\omega_{NaOH} = \frac{c_{HCl}(V_1 - V_2)M_{NaOH}}{m_s} \times 100\%$$

2. 肥料、土壤中氮含量的测定

无机铵盐如 NH_4NO_3、$(NH_4)_2SO_4$、NH_4Cl 等，它们都是强酸弱碱盐，虽有酸性，但由于 NH_4^+ 的酸性太弱（$K_a=5.6\times10^{-10}$），所以不能用 NaOH 直接滴定。常采用甲醛法来测定其含氮量。

铵盐与甲醛作用，生成环六次甲基四胺（乌洛托品），同时放出定量的酸。故可选用

酚酞作指示剂，用碱滴定液直接滴定。其反应式如下：

$$4NH_4^+ + 6HCHO \rightarrow (CH_2)_6N_4 + 4H^+ + 6H_2O$$

由上述反应式可知，铵盐与放出的酸物质的量之比为1∶1，则铵盐中氮的含量按下式计算：

$$c_{NaOH} = \frac{C_{NaOH} \times V_{NaOH} \times \dfrac{M}{1000}}{m_B} \times 100\%$$

式中　c_{NaOH}——NaOH滴定液的浓度，单位为$mol \cdot L^{-1}$；

　　　m_B——试样质量，单位为g；

　　　M——氮的摩尔质量，单位为g/mol；

　　　V_{NaOH}——消耗NaOH滴定液的体积，单位为mL。

3. 农产品中总酸度的测定

总酸度是指食品中所有酸性物质的总量，包括已离解的酸的浓度和未离解的酸的浓度。

农产品中的有机酸用NaOH标准溶液滴定时，被中和成盐类。

$$RCOOH + NaOH \Longrightarrow RCOONa + H_2O$$

以酚酞为指示剂，滴定至溶液呈现淡红色且30s内不褪色为终点。根据所消耗的NaOH标准溶液的浓度和体积，可计算样品中酸的含量：

$$(总酸度) = \frac{C_{NaOH} \times V_{NaOH} \times K}{m_B} \times 100\%$$

式中　c_{NaOH}——NaOH滴定液的浓度，单位为$mol \cdot L^{-1}$；

　　　m_B——试样质量，单位为g；

　　　V_{NaOH}——消耗NaOH滴定液的体积，单位为mL；

　　　K——对应酸的系数（苹果酸0.067、柠檬酸0.064、乳酸0.090、醋酸0.060、酒石酸0.075）。

习　题

1. 能用于酸碱滴定的反应应具备哪些条件？

2. 酸碱指示剂选择的原则是什么？

3. 酸碱滴定中，为什么标准溶液通常用强酸或强碱来配制，而不用弱酸或弱碱配制？

4. 填空题

（1）酸碱质子理论认为：_____物质都是酸，_____物质都是碱。两个共轭酸碱对之间传递质子的反应统称为_____。

（2）在弱电解质溶液中加入少量的_____具有相同离子的强电解质时，则弱电解质的电离度会降低，这种现象称为_____。

（3）能够抵抗少量外来的_____或者_____而本身 pH 值几乎不变的溶液称为_____溶液，常见的缓冲溶液的三种类型分别为_____、_____、_____。

（4）强碱滴定强酸时可选用_____作指示剂，强酸滴定强碱时可选用_____作指示剂，强碱滴定弱酸时可选用_____作指示剂，强酸滴定弱碱时可选用_____作指示剂。

（5）标准溶液的配制方法有_____和_____两种。

5. 精密称取 0.4693g 硼砂（$Na_2B_4O_7 \cdot 10H_2O$）作为基准物质标定盐酸溶液，滴定终点时消耗盐酸 23.26mL，此盐酸溶液的浓度是多少？

6. 以酚酞为指示剂，用邻苯二甲酸氢钾标定 NaOH 溶液。精密称取 0.4583g 基准物质邻苯二甲酸氢钾，到达终点时消耗 NaOH 溶液 21.80mL，计算 NaOH 的浓度。

7. 称取 Na_2CO_3 样品 0.2017g，溶解后用 0.1005mol /L 盐酸标准溶液滴定，若消耗该盐酸 28.35mL，求样品中 Na_2CO_3 的质量分数。

第六章　其他常见滴定法

【知识目标】

1. 了解氧化还原滴定法、沉淀滴定法、配位滴定法的原理和基本概念。

2. 掌握氧化还原滴定法、沉淀滴定法、配位滴定法中所用的指示剂的使用条件和指示终点的方法。

3. 掌握氧化还原滴定法、沉淀滴定法、配位滴定法的具体应用。

【技能目标】

1. 学会高锰酸钾标准溶液的配制与标定。

2. 学会 EDTA 标准溶液的配制与标定。

3. 能用氧化还原滴定、沉淀滴定、配位滴定的相关方法对某些物质进行分析。

第一节　氧化还原滴定法

一、概述

氧化还原滴定法是以氧化还原反应为基础的滴定分析法，它是以氧化剂或还原剂为标准溶液来测定还原性或氧化性物质含量的方法。很多无机物和有机化合物能直接或间接地利用它来进行测定，应用十分广泛。但是氧化还原反应机理比较复杂，反应常常是分步进行的，反应速度通常比较慢，常有副反应发生。因此，必须创造适当的条件，如通过升高溶液的温度、增加反应物的浓度或降低生成物的浓度、添加催化剂等方法，使之符合滴定分析对反应的要求。

在酸碱滴定法中只有少量的几种标准溶液，但在氧化还原滴定法中，由于氧化还原反应类型不同，所以应用的标准溶液比较多。通常根据所用标准溶液的名称命名氧化还原滴定法，例如高锰酸钾法、重铬酸钾法、碘量法等。

二、氧化还原滴定法指示剂

氧化还原通常可以用指示剂指示终点，常用的指示剂有以下三类。

1. 自身指示剂

在氧化还原滴定中，利用标准溶液本身的颜色变化来指示终点的称为自身指示剂。例如，用 $KMnO_4$ 作标准溶液进行滴定时，MnO_4^- 在强酸性溶液中被还原为近乎无色的 Mn^{2+}，当滴定至溶液呈现微红色时，即指示达到滴定终点。

2. 氧化还原指示剂

氧化还原指示剂是本身具有氧化还原性质的一类有机化合物，这类指示剂的氧化态和还原态具有不同的颜色。当溶液中滴定体系电对的电位改变时，指示剂电对的浓度也发生改变，因而引起溶液颜色变化，以指示滴定终点。常用的氧化还原指示剂及颜色变化见表6-1。

表6-1　常用的氧化还原指示剂

指示剂	颜色变化		指示剂溶液
	氧化态	还原态	
亚甲基蓝	蓝色	无色	0.05%水溶液
二苯胺	紫色	无色	0.1% H_2SO_4 溶液
二苯胺磺酸钠	紫红色	无色	0.05%水溶液
邻苯氨基苯甲酸	紫红色	无色	0.1%Na_2CO_3 溶液
邻二氮菲亚铁	浅蓝色	红色	$0.025mol \cdot L^{-1}$ 水溶液
硝基邻二氮菲亚铁	浅蓝色	紫红	$0.025mol \cdot L^{-1}$ 水溶液

3. 特殊指示剂

本身并不参与氧化还原反应，但能与标准溶液、被测物质或滴定产物发生显色反应而指示滴定终点的物质称为特殊指示剂。例如，可溶性淀粉本身并不具有氧化还原性，但它能与游离碘生成深蓝色配位化合物，当 I_2 全部还原为 I^- 时，深蓝色消失，而 I_2 浓度为 $5 \times 10^{-6} mol \cdot L^{-1}$ 时即能看到蓝色。因此淀粉是该氧化还原反应的特殊指示剂。

三、常用的氧化还原滴定法

（一）高锰酸钾法

1. 高锰酸钾法基本原理

高锰酸钾是一种较强的氧化剂，其氧化能力和还原产物与溶液的酸度有关。在强酸性溶液中与还原剂作用，MnO_4^- 被还原为 Mn^{2+}：

$$MnO_4^- + 8H^+ + 5e^- \Longrightarrow Mn^{2+} + 4H_2O$$

在弱酸、中性或弱碱性溶液中与还原剂作用，MnO_4^- 被还原为 Mn^{4+}：

$$MnO_4^- + 2H_2O + 3e^- === MnO_2\downarrow + 4OH^-$$

在强碱性溶液中与还原剂作用，MnO_4^- 被还原为 MnO_4^{2-}：

$$MnO_4^- + e^- === MnO_4^{2-}$$

从强酸性反应式中得知 $KMnO_4$ 获得 5 个电子，所以 $KMnO_4$ 的基本单元为 $\frac{1}{5}KMnO_4$。

从弱酸或碱性反应中得知 $KMnO_4$ 获得 3 个电子，所以 $KMnO_4$ 的基本单元为 $\frac{1}{3}KMnO_4$。但在分析实验中很少用后一种反应，因为反应后生成的 MnO_2 为棕色沉淀，影响对终点的观察。在酸性溶液中的反应常用 H_2SO_4 酸化而不用 HNO_3，因为 HNO_3 是氧化性酸，能与被测物发生反应；也不用 HCl，因为 HCl 中的 Cl^- 有还原性，也能与 $KMnO_4$ 反应。

利用 $KMnO_4$ 作氧化剂可用直接法测定还原性物质，也可用间接法测定氧化性物质，此时先将一定量的还原剂标准溶液加入被测定的氧化性物质中，待反应完毕后，再用 $KMnO_4$ 标准溶液返滴剩余的还原剂标准溶液。用 $KMnO_4$ 法进行测定是以 $KMnO_4$ 自身为指示剂的。

2. $KMnO_4$ 标准溶液的配制与标定

（1）配制

市售 $KMnO_4$ 纯度仅在 99% 左右，其中含有少量的 MnO_2 及其他杂质，同时蒸馏水中也常含有还原性物质，如尘埃、有机化合物等，这些物质都能使 $KMnO_4$ 被还原。因此 $KMnO_4$ 标准溶液不能用直接法配制，必须先配制成近似浓度，然后再用基准物质标定。为此通过下列步骤配制。

第一步，称取稍多于计算用量的 $KMnO_4$，溶解于一定体积的蒸馏水中，将溶液加热煮沸，保持微沸 15min，并放置两周，使还原性物质完全被氧化。

第二步，用微孔玻璃漏斗过滤，除去 MnO_2 沉淀，滤液移入棕色瓶中保存，避免 $KMnO_4$ 见光分解。一般配制的 $KMnO_4$ 溶液，经小心配制并在暗处存放，在半年内浓度改变不大。但 $0.02mol\cdot L^{-1}$ 的 $KMnO_4$ 溶液不宜长期储存。

具体配制 $c(1/5KMnO_4) = 0.1mol\cdot L^{-1}$ 的方法如下：称取 3.3g $KMnO_4$，溶于 1050mL 水中，缓慢煮沸 15min，冷却后置于暗处保存两周，用 P_{16} 号玻璃滤埚（事先用相同浓度的 $KMnO_4$ 溶液煮沸 5min）过滤于棕色瓶（用 $KMnO_4$ 溶液洗 2～3 次）中。

（2）标定

标定 $KMnO_4$ 标准溶液的基准物很多，如 $(NH_4)_2Fe(SO_4)_2\cdot 6H_2O$、$Na_2C_2O_4$、$H_2C_2O_4\cdot 2H_2O$（分析纯）和纯铁丝等。其中常用的是 $Na_2C_2O_4$，因为它易于提纯、稳定且没有结晶水，在 105～110℃烘至质量恒定即可使用。标定反应如下：

$$2MnO_4^- + 5C_2O_4^{2-} + 16H^+ === 2Mn^{2+} + 10CO_2\uparrow + 8H_2O$$

具体标定方法：称取 0.2g 于 105～110℃烘至质量恒定的基准草酸钠，精确至 0.0001g。溶于 100mL（8+92）硫酸溶液中，用配制好的 KMnO₄ 溶液 c（1/5 KMnO₄）= 0.1mol·L⁻¹ 滴定，近终点时加热至 65℃，继续滴定至溶液呈粉红色并保持 30s。同时做空白实验。

注意，开始滴定时因反应速度慢，滴定速度要慢，待反应开始后，由于 Mn^{2+} 的催化作用，反应速度变快，滴定速度方可加快。近终点时加热至 65℃，是为了使 KMnO₄ 与 $Na_2C_2O_4$ 反应完全。

KMnO₄ 的标准溶液浓度按下式计算：

$$c_{KMnO_4} = \frac{2 \times m_{Na_2C_2O_4} \times 1000}{5 \times M_{Na_2C_2O_4} \times V_{KMnO_4}}$$

式中　m——$Na_2C_2O_4$ 的质量，单位为 g；

　　　V——消耗 KMnO₄ 溶液的体积，单位为 mL；

　　M——$Na_2C_2O_4$ 的摩尔质量，单位为 g/mol。

（二）重铬酸钾法

1. 重铬酸钾法基本原理

重铬酸钾法是以 $K_2Cr_2O_7$ 为标准溶液所进行滴定的氧化还原法。$K_2Cr_2O_7$ 是一个强氧化剂，在酸性溶液中被还原为 Cr^{3+}。

$$Cr_2O_7^{2-} + 14H^+ + 6e^- = 2Cr^{3+} + 7H_2O$$

从反应式中得知 $K_2Cr_2O_7$ 获得 6 个电子，其基本单元为 $\frac{1}{6}K_2Cr_2O_7$，摩尔质量 $M(\frac{1}{6}K_2Cr_2O_7)$=49.03g/mol。

$K_2Cr_2O_7$ 是稍弱于 KMnO₄ 的氧化剂，它与 KMnO₄ 对比具有以下优点：

第一，$K_2Cr_2O_7$ 溶液较稳定，置于密闭容器中，浓度可保持较长时间不改变。

第二，可在 HCl 介质中进行滴定，$K_2Cr_2O_7$ 不会氧化 Cl^- 而产生误差。

第三，$K_2Cr_2O_7$ 容易制得纯品，因此可作基准物用直接法配制成标准溶液。但用重铬酸钾法测定样品需要用氧化还原指示剂。

2. 重铬酸钾标准溶液的配制

$K_2Cr_2O_7$ 标准溶液通常用直接法配制，如配制 $c(\frac{1}{6}K_2Cr_2O_7)$=0.1000 mol·L⁻¹ 溶液 100mL，将 $K_2Cr_2O_7$ 在 120℃时烘至质量恒定，置于干燥器中冷却至室温。准确称取 0.4903g $K_2Cr_2O_7$ 于小烧杯中，加水溶解，转移至 100 mL 容量瓶中，加水至刻度，摇匀，移入试剂瓶。

（三）碘量法

1. 碘量法基本原理

碘量法是利用碘的氧化性和碘离子的还原性进行物质含量测定的方法：

$$I_2 + 2e^- \rightleftharpoons 2I^-$$

I_2 是较弱的氧化剂，只能与较强的还原剂作用，而 I^- 是中等强度的还原剂，能与许多氧化剂作用。碘量法可分为直接碘量法和间接碘量法。

（1）直接碘量法

直接碘量法又称为碘滴定法，它是利用碘作标准溶液直接滴定一些还原性物质的方法。例如：

$$I_2 + H_2S = S + 2HI$$

利用直接碘量法还可以测定 SO_3^{2-}、AsO_3^{3-}、SnO_2^{2-} 等，但反应只能在微酸性或近中性溶液中进行，因受到测量条件限制，应用不太广泛。

（2）间接碘量法

间接碘量法又称滴定碘法，它是利用 I^- 的还原作用（通常使用 KI）与氧化性物质反应生成游离的碘，再用还原剂（$Na_2S_2O_3$）的标准溶液滴定从而测出氧化性物质含量。例如，测定铜盐中铜的含量，在酸性条件下与过量 KI 反应析出 I_2：

$$2Cu^{2+} + 4I^- = 2CuI\downarrow + I_2\downarrow$$

析出的 I_2 用 $Na_2S_2O_3$ 标准溶液滴定。

与直接碘量法相比，间接碘量法应用范围更广。判断碘量法的终点时常用淀粉作指示剂，直接碘量法的终点是从无色变蓝色，间接碘量法的终点是从蓝色变无色。

2. 碘量法误差来源

碘量法的误差来源有两个，一个是碘具有挥发性易损失，另一个是 I^- 在酸性溶液中易被空气中的氧气氧化而析出 I_2。

$$4I^- + 4H^+ + O_2 = 2I_2 + 2H_2O$$

因此用间接碘量法测定时，应在碘量瓶中进行，并应避免阳光照射。为了减少 I^- 与空气的接触，滴定时不应剧烈摇动。

另外，应用间接碘量法时太早加入淀粉指示剂，因为淀粉指示剂会吸附 I_2，给滴定带来误差。为减免此类误差，要求在滴定接近终点时加入淀粉指示剂。

3. 标准溶液的配制和标定

（1）碘标准溶液的配制和标定

用升华法制得的纯碘，可作为基准物用直接法配制。但市售的 I_2 常含有杂质，不能作为基准物，只能用间接法配制，再用基准物标定。常用的基准物是 As_2O_3。

由于 I_2 难溶于水，但易溶于 KI 溶液生成 I_3 配位离子，配制时应先将 I_2 溶于 40% 的 KI 溶液中，再加水稀释到一定体积。稀释后溶液中 Kl 的浓度应保持在 4% 左右。I_2 易挥发，在日光照射下易发生反应，因此 I_2 溶液应保存在带严密塞子的棕色瓶中，并放置在暗处。由于 I_2 溶液腐蚀金属和橡皮，所以滴定时应装在棕色酸式滴定管中。

一般用已知准确浓度的 $Na_2S_2O_3$ 标定 I_2 的准确浓度，也可以用 As_2O_3 作基准物标定。但由于 As_2O_3 有剧毒，一般不使用。用硫代硫酸钠标定的方法如下：用滴定管准确量取 30.00～35.00mL 配好的碘溶液，置于已装有 150mL 水的碘量瓶中，然后用硫代硫酸钠标准溶液滴定，近终点时加 3mL 淀粉指示剂（5g/L），继续滴定至溶液蓝色消失。

（2）$Na_2S_2O_3$ 标准溶液的配制和标定

结晶的 $Na_2S_2O_3 \cdot 5H_2O$ 容易风化，常含有一些杂质（如 S、Na_2SO_4、NaCl、Na_2CO_3 等），并且 $Na_2S_2O_3$ 溶液不稳定，易与水中的 CO_2、空气中的 O_2 作用及被微生物分解析出硫而使浓度发生变化。所以 $Na_2S_2O_3$ 溶液的配制应采取下列措施：第一，用煮沸冷却后的蒸馏水配制，以除去微生物；第二，配制时加入少量 Na_2CO_3，使溶液呈弱碱性（在此条件下微生物活动力低）；第三，将配制好的溶液置于棕色瓶中，放置两周，再用基准物标定。如发现溶液浑浊，则需重新配制。

具体配制方法如下：称取 26g $Na_2S_2O_3 \cdot 5H_2O$，溶于 1000mL 水中，缓慢煮沸 10min，冷却。放置两周后过滤备用，其浓度为 $0.1mol \cdot L^{-1}$。

标定 $Na_2S_2O_3$ 溶液的基准物有 KIO_3、$KBrO_3$ 和 $K_2Cr_2O_7$ 等。由于 $K_2Cr_2O_7$ 价廉易提纯，因此常用作基准物。用 $K_2Cr_2O_7$ 基准物标定 $Na_2S_2O_3$ 标准溶液的反应分两步进行。第一步：

$$Cr_2O_7^{2-} + 6I^- + 14H^+ = 2Cr^{3+} + 3I_2\downarrow + 7H_2O$$

反应后产生定量的 I_2。加水稀释后，用 $Na_2S_2O_3$ 溶液滴定，即第二步：

$$2Na_2S_2O_3 + I_2 =\!=\!= Na_2S_4O_6 + 2NaI$$

以淀粉为指示剂，当溶液变为亮绿色时即为滴定终点。

具体标定方法如下：称取 0.15g 于 120℃烘至质量恒定的基准 $K_2Cr_2O_7$，称准至 0.0001g。置于碘量瓶中，溶于 25mL 水中，加 2g KI 及 20mL H_2SO_4 溶液（20%），摇匀，于暗处放置 10min。加 150mL 水，用配制好的硫代硫酸钠溶液滴定。近终点时加 3mL 淀粉指示液（5g/L），继续滴定至溶液由蓝色变为亮绿色。同时做空白实验。

第二节　沉淀滴定法

一、概述

沉淀滴定法是以沉淀反应为基础的滴定分析法。根据滴定分析对化学反应的要求，适用于滴定的沉淀反应必须满足以下条件。

（1）反应必须迅速、定量进行，没有副反应发生。

（2）生成沉淀的溶解度小且组成恒定。

（3）有准确确定化学计量点的方法。

（4）沉淀的吸附现象不影响滴定终点的确定。

由于上述条件的限制，能应用于沉淀滴定法的反应比较少。目前应用较多的是生成难溶银盐的反应，称为银量法。银量法根据所用指示剂的不同，以创立者的名字命名，分为莫尔法、佛尔哈德法和法扬司法三种。

二、银量法的分类

（一）莫尔法

1. 基本原理

莫尔法是以硝酸银为标准溶液，以铬酸钾为指示剂，在中性或弱碱性溶液中测定 Cl^- 或 Br^- 的含量方法。

滴定反应：$Ag^+ + Cl^- == AgCl\downarrow$（白色）

终点反应：$2Ag^+ + CrO_4^{2-} == Ag_2CrO_4\downarrow$（砖红色）

在滴定过程中，由于 $AgCl$ 的溶解度比 Ag_2CrO_4 的溶解度小，因此首先析出 $AgCl$ 沉淀。随着硝酸银的不断加入，$AgCl$ 沉淀不断析出，溶液中的 Cl^- 浓度越来越小，当沉淀完全时，稍微过量的 Ag^+ 可与指示剂 CrO_4^{2-} 作用生成砖红色的 Ag_2CrO_4 沉淀，指示达到滴定终点。

2. 滴定条件

（1）指示剂的用量

Ag_2CrO_4 沉淀应恰好在滴定反应化学计量点时产生，滴定时，由于 K_2CrO_4 溶液呈黄色，当其浓度高时颜色较深，不易判断砖红色的出现，因此指示剂的浓度略低些好。但 K_2CrO_4 溶液浓度过低，终点出现过迟，也影响滴定的准确度。一般滴定溶液中 CrO_4^{2-} 浓度宜控制在 $5×10^{-3}mol·L^{-1}$。

（2）溶液 pH 的控制

莫尔法测定只能在中性和弱碱性溶液中进行。在酸性溶液中 CrO_4^{2-} 会转化成 $Cr_2O_7^{2-}$，使 Ag_2CrO_4 沉淀出现过迟，终点延迟出现。在碱性溶液中 Ag^+ 容易生成 Ag_2O 沉淀。

3. 适用范围

莫尔法只适用于测定氯化物和溴化物，不适用于测定 I^- 及 SCN^- 的化合物。因为 AgI 和 AgSCN 沉淀吸附溶液中的 I^- 及 SCN^- 更为强烈，造成化学计量点前溶液中被测离子浓度降低，影响测定结果的准确性。

（二）佛尔哈德法

佛尔哈德法是以铁铵矾 $[NH_4Fe(SO_4)_2]$ 为指示剂的银量法。根据测定对象的不同，又分为直接滴定法和返滴定法。

1. 直接滴定法

直接滴定法用来测定 Ag^+。在酸性溶液中，用 NH_4SCN 或 KSCN 为标准溶液滴定 Ag^+。以铁铵矾为指示剂。溶液中首先析出 AgSCN 沉淀，当 Ag^+ 定量沉淀后，稍过量的 SCN^- 与铁铵矾中的 Fe^{3+} 反应，生成红色络合物，即为到达终点。

滴定反应：$Ag^+ + SCN^- \Longrightarrow AgSCN\downarrow$（白色）

终点反应：$Fe^{3+} + SCN^- \Longrightarrow [FeSCN]^{2+}$（红色）

应注意的是，由于 AgCl 的溶解度较大，易转化为 AgSCN 沉淀，从而产生很大的误差，需采用一些措施避免已沉淀的 AgCl 发生转化。

2. 返滴定法

返滴定法用来测定卤离子。在酸性溶液中，加入过量的 $AgNO_3$ 标准溶液，以铁铵矾为指示剂，用 NH_4SCN 标准溶液返滴定过量的 Ag^+，当溶液中出现 $FeSCN^{2+}$ 红色时，指示达到终点。

未滴定时：$Cl^- + Ag^+$（过量）$\Longrightarrow AgCl\downarrow + Ag^+$（剩余）

滴加 KSCN 时：Ag^+（剩余）$+ SCN^- \rightleftharpoons AgSCN\downarrow$（白色）

滴定终点时：$SCN^- + Fe^{3+} \rightleftharpoons [FeSCN]^{2+}$（红色）

此时，两种标准溶液所用量的差值与被测试液中的 Cl^- 的物质的量相对应，从而计算出被测物质的含量。

用返滴定法测定 Br^-、I^- 时，由于 AgBr、AgI 的溶度积比 AgSCN 小，故不发生沉淀转化反应。但在测 I^- 时，指示剂必须在加入过量 $AgNO_3$ 标准溶液后才能加入，以免 Fe^{3+} 将 I^- 氧化为 I_2。

3. 滴定条件

（1）溶液的酸度

佛尔哈德法应在酸性介质中滴定，以防止 Fe^{3+} 水解生成棕色沉淀，影响对终点的观察。但由于 HSCN 的 $K_a=1.4\times10^{-1}$，酸度不宜过高，通常在 $0.11\sim1.0$ mol·L^{-1} HNO_3 介质中滴定。

（2）指示剂用量

在滴定分析中指示剂的用量是保证滴定分析准确的重要条件。指示剂 Fe^{3+} 的浓度一般以 1.5×10^{-2} mol·L^{-1} 为宜，这样产生的误差很小。

直接法滴定 Ag^+ 时，为避免 AgSCN 吸附 Ag^+，在终点时必须剧烈摇动。返滴定法测 Cl^- 时，为防止 AgCl 转化为 AgSCN，使测定结果值偏低，通常采用两种措施：一是过滤除去 AgCl，再用稀 HNO_3 洗涤沉淀，然后用 NH_4SCN 标准溶液滴定滤液中的过量 Ag^+，这种方法比较麻烦。另一种方法是加入有机溶剂，如加硝基苯或 1,2-二氯乙烷等，这样使 AgCl 表面覆盖一层有机溶剂，避免与外部溶液接触，阻止了 AgCl 转化为 AgSCN，这种方法简便易行。

（三）法扬司法

1. 基本原理

法扬司法是以吸附指示剂指示终点的银量法。吸附指示剂是一类有机染料，在溶液中能被胶体沉淀表面吸附而发生结构的改变，从而引起颜色的变化。现以测定 NaCl 中 Cl^- 含量为例，说明指示剂的作用原理。

用 $AgNO_3$ 标准溶液滴定 Cl^-，以荧光黄为指示剂，荧光黄（HFI_n）是一种有机弱酸，在水溶液中离解出阴离子（FI_n^-），呈黄绿色。离解反应式为：

$$HFI_n \Longrightarrow H^+ + FI_n^-$$

在化学计量点前，AgCl 沉淀吸附溶液中的 Cl^- 形成 $AgCl\cdot Cl^-$ 而带负电荷，荧光黄阴离子不被吸附，溶液呈黄绿色。化学计量点后，微过量的 Ag^+ 使 AgCl 沉淀吸附 Ag^+，形成 $AgCl\cdot Ag^+$ 而带正电荷，此时它吸附荧光黄的阴离子，吸附后的指示剂发生结构改变，呈粉红色。由黄绿色变为粉红色即为终点。

$$AgCl\cdot Ag^+ + FI_n^- \Longrightarrow AgCl\cdot Ag\cdot FI_n$$
$$\text{（黄绿色）} \qquad\qquad \text{（粉红色）}$$

2. 指示剂的选择

不同指示剂被沉淀吸附的能力不同，因此，滴定时应选用沉淀对指示剂的吸附力略小于对被测离子吸附力的指示剂，否则终点会提前。但沉淀对指示剂的吸附力也不能太小，否则终点推迟且变色不敏锐。卤化银沉淀对卤离子和几种吸附指示剂的吸附力的大小次序为：

$$I^- > \text{二甲基二碘荧光黄} > SCN^- > Br^- > \text{曙红} > Cl^- > \text{荧光黄}$$

因此，测定 Cl^- 时应选用荧光黄，不能选用曙红，测定 Br^- 时可选用曙红。

3. 测定条件

（1）溶液酸度

根据所选指示剂而定，荧光黄是弱酸，酸度高时抑制其电离，只适合在 pH=7～10 时使用，二氯荧光黄适合在 pH=4～10 时使用，曙红适合在 pH=2～10 时使用。

（2）保持沉淀胶体状态

常加入一些保护胶体，如糊精或淀粉，阻止卤化银凝聚，保持胶体状态使终点变色明显。

（3）滴定中应避免强光照射

卤化银沉淀对光敏感，易分解出金属银使沉淀变为灰黑色，影响终点观察。

三、标准溶液的配制和标定

1. AgNO₃ 标准溶液的配制和标定

（1）配制

用 AgNO₃ 优级纯试剂可以用直接法配制标准溶液。如果 AgNO₃ 纯度不够，就应先配成近似浓度的溶液，然后再进行标定。

称取 17.5g AgNO₃，溶于 1000mL 水中，摇匀。溶液保存于棕色瓶中。其浓度为 $c(AgNO_3)$=0.1mol·L⁻¹。

（2）标定

标定 AgNO₃ 溶液最常用的基准物是基准试剂 NaCl，使用前在 500～600℃灼烧至质量恒定。一般来说，标定步骤与测定试样最好相同。下面以法扬司法标定为例来说明。

称取 0.2g 于 500～600℃灼烧至质量恒定的基准 NaCl，精确至 0.0002g。溶解于 70mL 水中，加 10mL 淀粉溶液（10g/L），在摇动下用配好的 0.1mol·L⁻¹ 的 AgNO₃ 溶液避光滴定，近终点时，加 3 滴荧光黄指示液（5g/L），继续滴定至溶液呈粉红色。

$$c_{AgNO_3} = \frac{m}{V \times \frac{M_{NaCl}}{1000}}$$

式中　m——NaCl 的质量，单位为 g；

　　　V——消耗 AgNO₃ 溶液的体积，单位为 mL；

　　　M_{NaCl}——NaCl 的摩尔质量，单位为 g/mol。

2. NH₄SCN 标准溶液的配制和标定

（1）配制

市售 NH₄SCN 常含有硫酸盐、硫化物等杂质，因此只能用间接法配制。称取 7.6g NH₄SCN，溶于 1000mL 水中，摇匀。其浓度为 $c(NH_4SCN)$=0.1mol·L⁻¹。

（2）标定

准确吸取 30.00～35.00mL 已标定过的 AgNO₃ 标准溶液[$c(AgNO_3)$=0.1mol·L⁻¹]，加 20mL 水、1mL 铁铵矾指示液（400g/L）及 10mL HNO₃ 溶液（25%），在摇动下用配好的 NH₄SCN 溶液[$c(NH_4SCN)$=0.1mol·L⁻¹]滴定，终点前摇动溶液至完全清亮后，继续滴定至溶液所呈浅棕红色并保持 30s。

NH₄SCN 溶液浓度按下式计算。

$$c_{NH_4SCN} = \frac{c_{AgNO_3} \times V_{AgNO_3}}{V_{NH_4SCN}}$$

第三节 配位滴定法

一、配位化合物

（一）配位化合物的概念

1. 配位化合物的定义

配位化合物简称配合物，是一类较为复杂的化合物，广泛存在于自然界中。例如，大多数金属离子在水溶液或土壤中，都是以复杂的水合配离子或配合物的形式存在的。在一些简单无机化合物的分子中，各元素的原子间都有确定的整数比，符合经典的化合价理论，如 H_2SO_4、NaOH、$FeCl_3$ 等。另外，还有许多有简单化合物加合而成的物质。例如，

$$CuSO_4 + NH_3 = [Cu(NH_3)_4]SO_4$$
$$AgCl + 2NH_3 = [Ag(NH_3)_2]Cl$$

在加合过程中，没有电子得失和价态的变化，也没有形成共用电子的共价键。在这类化合物中，都含有稳定存在的复杂离子，这些离子是由中心离子（原子）与几个中性分子或阴离子以配位键结合而成的，称为配离子。含有配离子的化合物称为配合物。

2. 配合物的组成

配合物结构比较复杂，通常配合物是由配离子和带相反电荷的其他离子所组成的化合物。

配合物分为两个组成部分，即内界和外界，外界和内界以离子键结合。在配合物内，提供电子对的分子或离子称为配位体；接受电子对的离子或原子称为中心离子（原子）。中心离子（原子）与配位体以配位键结合组成配合物的内界，书写化学式时，用[ ]把内界括起来。配合物中的其他离子构成配合物的外界，写在括号外面。

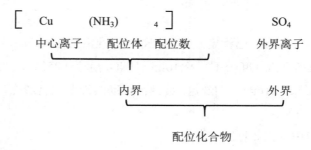

（1）中心离子（原子）

中心离子（原子）是配合物的形成体，是配合物的核心部分，位于配合物的中心位置。中心离子绝大多数是过渡金属阳离子，如 Fe^{2+}、Fe^{3+}、Cu^{2+}、Co^{2+}、Ni^{2+}、Zn^{2+}等，因为过渡金属离子的价电子轨道，因此能形成配位键。中心离子也可能是一些金属原子或高氧化数的非金属元素。

（2）配位体

指与中心离子（原子）直接相连的分子或离子。能提供配位体的物质称为配位剂，如下面反应式中的 KI 就是配位剂。

$$HgCl_2 + 4KI = K_2[HgI_4] + 2KCl$$

配位体位于中心离子周围，它可以是中性分子，如 NH_3、H_2O 等，也可以是阴离子，如 Cl^-、CN^-、OH^-、S^{2-}等。配位体以配位键与中心离子（原子）结合。配位体中与中心离子（原子）直接相连的原子称为配位原子，如 NH_3 中的 N 原子，H_2O 中的 O 原子，CO 中的 C 原子等。一般常见的配位原子主要是周期表中电负性较大的非金属原子，如 F、Cl、Br、I、O、N、S、P、C 等。

根据配位体所含配位原子的数目不同，可分为单齿配位体和多齿配位体。单齿配位体只含有一个配位原子，如 X^-、NH_3、H_2O、CN^-等。多齿配位体中含有两个或两个以上的配位原子，如乙二胺、$C_2O_4^{2-}$、EDTA 等。

（3）配位数

直接和中心离子（原子）相连的配位原子总数称为该中心离子（原子）的配位数。计算中心离子的配位数时，如果配位体是单齿的，配位体的数目就是该中心离子（原子）的配位数，配位体的数目和配位数相等。如果配位体是多齿的，配位体的数目就不等于中心离子（原子）的配位数，如配离子$[Ni(NH_2-CH_2-CH_2-NH_2)_2]^{2+}$中，乙二胺（简写为 en）是双齿配位体，$Ni^{2+}$的配位数是 4 而不是 2。

（4）配离子的电荷数

配离子的电荷数等于中心离子和配位体总电荷的代数和。如在$[Fe(CN)_6]^{4-}$中，由于中心离子 Fe^{2+}带两个单位正电荷，配位体共有 6 个 CN^-，每一个 CN^-带一个单位负电荷，所以配离子$[Fe(CN)_6]^{4-}$带 4 个单位负电荷。配离子的电荷数还可以根据外界离子的电荷总数和配离子的电荷总数相等而符号相反这一原则来推断。如在 $K_4[Fe(CN)_6]$ 中，外界有 4 个 K^+，可推断出配离子带 4 个单位负电荷。

（二）配位化合物的命名

配位化合物的结构组成较复杂，不能再按一般简单的无机物命名，其命名原则如下：

（1）配位体名称列在中心原子之前，配位体的数目用一、二、三、四等数字表示。

（2）不同配位体名称之间以居中圆点"·"分开。

（3）配位体与中心离子之间用"合"字连接，即在最后一个配位体名称之后缀以"合"字。

（4）中心离子后用罗马数字标明氧化数，并加括号。

例如：

$[Cu(NH_3)_4]SO_4$	硫酸四氨合铜（Ⅱ）
$[Ag(NH_3)_2]Cl$	氯化二氨合银（Ⅰ）
$[Pt(NH_3)_6]Cl_4$	四氯化六氨合铂（Ⅳ）
$K_2[SiF_6]$	六氟合硅（Ⅳ）酸钾
$[PtCl_4(NH_3)_2]$	四氯·二氨合铂（Ⅳ）

二、配位滴定法

（一）概述

1. 配位滴定法及配位滴定对化学反应的要求

配位滴定法是以配位反应为基础的滴定分析方法。配位反应非常普遍，但用于配位滴定的反应除了能满足一般滴定分析对反应的要求外，还必须具备以下条件。

① 配位反应必须迅速且有适当的指示剂指示终点。

② 配位反应严格按照一定的反应式定量进行，只生成一种配位比的配位化合物。

③ 生成的配位化合物要相当稳定，以保证反应进行完全。

在配位反应中提供配位原子的物质叫配位剂。配位滴定法是用配位剂作为标准溶液直接或间接滴定被测金属离子的滴定分析法。配位剂分为无机配位剂和有机配位剂。无机配位剂大多是单齿配体（只有一个配位原子），它可与金属形成多级配合物。有机配位剂分子中常含有两个以上的配位原子，是多齿配体，它与金属离子形成具有环状结构的螯合物，不仅稳定性高，且一般只形成一种类型的配合物。这类配位剂克服了无机配位剂的缺点，在分析化学中被广泛应用。目前最常用的配位剂是乙二胺四乙酸（简称 EDTA）。

2. 常用的配位剂

乙二胺四乙酸（EDTA）是一种白色结晶状粉末，在水中溶解度很小，难溶于酸和有机溶剂，易溶于氨水和氢氧化钠溶液。在配位滴定中，通常用它的二钠盐，习惯上仍简称为 EDTA。该盐在水中溶解度较大，它能与许多金属离子定量反应，形成稳定的可溶性配合物。可用已知浓度的 EDTA 滴定液直接或间接滴定某些物质，用适宜的金属指示剂指示终点。根据消耗的 EDTA 滴定液的浓度和体积，可计算出被测物的含量。EDTA 配合物的特点如下。

① 普遍性好，因 EDTA 有 6 个配位能力很强的原子，几乎能与周期表中绝大多数金属离子形成 1∶1 的配合物。

② 稳定性高，EDTA 与金属离子形成 5 个五元环结构的螯合物。

③ 带电易溶，EDTA 金属离子形成的配合物大多带电荷，能溶于水，使滴定在水溶液中进行。

④ EDTA 与无色金属离子形成无色配合物，与有色金属离子形成颜色更深的配合物。

3. 间接滴定法

利用阴离子与某种金属离子的沉淀反应，再用 EDTA 滴定液滴定剩余的金属离子，间接测出阴离子含量。

（二）金属指示剂

1. 金属指示剂应具备的条件

金属指示剂应具备以下条件：

① 指示剂与金属离子形成的配合物（MIn）应与指示剂本身的颜色有明显的差别。

② 金属离子与指示剂形成的有色配合物稳定性要适当。它既要有足够的稳定性，又要比该金属离子与 EDTA 形成的配合物的稳定性小。

③ 显色反应灵敏、迅速，且有良好的变色可逆性。

④ 形成的显色配合物应易溶于水。

⑤ 金属指示剂应比较稳定，便于储存和使用。

2. 常用的金属指示剂

（1）铬黑 T

铬黑 T 简称 EBT，与二价金属离子形成的配合物都是红色的或紫红色的。因此，只有在 pH=7～11 范围内使用，指示剂才有明显的颜色变化。根据实验，最适宜的酸度为 pH=9～10.5。铬黑 T 常用作测定 Mg^{2+}、Zn^{2+}、Pb^{2+}、Mn^{2+}、Cd^{2+}、Hg^{2+} 等离子的指示剂。

铬黑 T 固体性质稳定，但其水溶液只能保存几天，因此，常将铬黑 T 与干燥的 NaCl 或 KNO_3 等中性盐按 1∶100 的比例混合，配成固体混合物。也可配成三乙醇胺溶液使用。

（2）钙指试剂

钙指试剂又称 NN 指示剂或钙红，钙指示剂纯品为紫黑色粉末。它与 Ca^{2+} 形成粉红色的配合物，常用作在 pH= 12～13 时滴定 Ca^{2+} 的指示剂，终点由粉红色变为纯蓝色，变色灵敏。

（三）滴定液的配制与标定

由于蒸馏水中或容器器壁可能污染金属离子，所以 EDTA 标准溶液大都采用间接配制法，即先配制成近似浓度的溶液，然后用基准物质标定。常用 EDTA 二钠盐配制标准溶液，浓度一般为 $0.01 \sim 0.05 \text{mol} \cdot \text{L}^{-1}$。例如，$0.02 \text{mol} \cdot \text{L}^{-1}$ EDTA 的配制和标定。

1. 配制

称取 8g 乙二胺四乙酸二钠，加 1000mL 水，加热溶解，冷却，摇匀。

2. 标定

称取 0.42g 于 80℃±5℃的高温炉中灼烧至恒重的基准试剂氧化锌，用少量水湿润，加 3mL 盐酸溶液（20%）溶解，移入 250mL 容量瓶中，稀释至刻度，摇匀。取 25mL，加 70mL 水，用氨水溶液（10%）调节溶液 pH 值至 7～8，加 10mL 氨-氯化铵缓冲溶液（pH=10）及 5 滴铬黑 T（5g/L）指示液，用配好的乙二胺四乙酸二钠溶液滴至溶液由紫色变为纯蓝色。同时做空白实验。

计算：
$$c_{\text{EDTA}} = \frac{m_{\text{ZnO}} \times \dfrac{25}{250} \times 1000}{(V_1 - V_0) M_{\text{ZnO}}}$$

式中　m——氧化锌的质量，单位为 g；

　　　V_1——消耗乙二胺四乙酸二钠溶液的体积，单位为 mL；

　　　V_0——空白实验乙二胺四乙酸二钠溶液的体积，单位为 mL；

　　　M——氧化锌摩尔质量，单位为 g/mol，$M_{\text{ZnO}} = 81.39 \text{g/mol}$。

<h1 style="text-align:center">习　　题</h1>

1. 常用的氧化还原滴定法有哪些？

2. 氧化还原滴定中的指示剂分为几类？各自如何指示滴定终点？

3. 影响氧化还原反应速率的因素有哪些？可采取哪些措施加速反应？

4. 配制、标定和保存 I_2 标准溶液时，应注意哪些事项？碘量法中的主要误差来源有哪些？

5. 什么是沉淀滴定法？沉淀滴定法所用的沉淀反应必须具备哪些条件？

6. 能够用于配位滴定的配位反应必须具备哪些条件？

7. EDTA 与金属离子的配合物有哪些特点？在 EDTA 滴定过程中，影响滴定突跃范围大小的主要因素是什么？

8. 精密称取 $Na_2S_2O_3$ 基准试剂 0.2003g，溶于水后加酸酸化，再加入足量的 KI，以淀粉作为指示剂，用 $Na_2S_2O_3$ 标准溶液滴定，消耗 34.23mL，计算 $Na_2S_2O_3$ 标准溶液的浓度。

9. 应用佛尔哈德法分析碘化物试样。在 3.0000g 试样制备的溶液中加入 49.50mL 0.2000 $\text{mol} \cdot \text{L}^{-1}$ 的 $AgNO_3$ 溶液，过量的 Ag^+ 用 KSCN 溶液滴定，共消耗 0.1000 $\text{mol} \cdot \text{L}^{-1}$ 的 KSCN 溶液 6.50mL。计算试样中碘的百分含量（M_I:126.90447g/mol）。

第七章 吸光光度法

【知识目标】

1. 了解吸光光度法的原理。
2. 了解光的本质与颜色、光吸收曲线、显色反应和显色条件的选择。
3. 理解光的吸收定律。

【技能目标】

1. 学会操作常用的分光光度计。
2. 学会吸收光谱曲线和标准工作曲线的绘制。
3. 掌握吸光光度法用于微量组分测定的方法。

第一节 概 述

吸光光度法是根据物质对光的选择性吸收而建立起来的分析方法，可对物质进行定性和定量分析，包括比色分析法、可见光光度法、紫外分光光度法和红外分光光度法。比色法和可见分光光度法，以及紫外分光光度法用于定量测定，红外分光光度法主要用于物质的结构分析。

吸光光度法，比色法和紫外-可见分光光度法与滴定分析法相比具有以下特点。

（1）灵敏度高

比色法和紫外-可见分光光度法具有较高的灵敏度，适用于测定微量物质。测定的最低浓度可达 $10^{-5} \sim 10^{-6} \text{mol} \cdot \text{L}^{-1}$，相当于含量为 0.0001%～0.001% 的微量组分。

（2）准确度较高

一般比色分析法的相对误差为 5%～20%，分光光度法的相对误差为 2%～5%，其准确度虽不如滴定分析法，但对微量组分来说还是令人满意的。因为在这种状况下，滴定分析难以测定。

（3）操作简单，测定速度快

比色分析法和分光光度法的仪器设备均不复杂，操作简便。如果采用灵敏度高、选择性好的显色剂，再用掩蔽剂消除干扰，就可不经分离直接进行测定了。

（4）应用广泛

几乎所有的无机离子和大多数有机化合物都可直接或间接地用比色法和分光光度法进行测定。例如，有一试样含铁 0.01g / mL，使用 $1.81 \text{mol} \cdot \text{L}^{-1}$ 的 $KMnO_4$ 滴定，需 0.02mL，滴定管的读数误差就有 0.02mL，所以必须采用分光光度法进行测定。

本章重点讨论可见光区的吸光光度法。

第二节　吸光光度法的基本原理

一、物质的颜色及对光的选择吸收

1. 光的基本性质

光是一种电磁波，同时具有波动性和微粒性。光的传播，如光的折射、衍射、偏振和干涉等现象可用光的波动性来解释。描述波动性的重要参数是波长 λ 和频率 v，它们与光速 c 的关系是：

$$c = \lambda v$$

光的微粒性表现在光是有能量的微粒流，这种微粒称为光子或光量子。单个光子的能量 E 取决于光的频率 v 和波长 λ，即

$$E = hv = hc/\lambda$$

式中　E——光子的能量，单位为 J；

　　　h——普朗克常数（6.626×10^{-34} J·s）。

自然界中存在各种不同波长的电磁波。通常把人眼能感觉到的光称为可见光，其波长范围为 400～760nm，波长范围为 10～400nm 的为紫外光区，波长大于 760nm 范围的为红外光区。

可见光区的白光是由不同颜色的光按一定强度比例混合而成的。如果让一束白光通过一个特制的三棱镜，就可分解为红、橙、黄、绿、青、蓝、紫七种颜色的光，这种现象称为光的色散。每种颜色的光都有一定的波长范围。通常白光称为复合光，而只具有一种颜色的光称为单色光。

实验证明，不仅七种单色光可混合成白光，如果把适当的两种单色光按一定强度比例混合，也可复合为白光。故把具有这种性质的两种单色光彼此称为互补色光。如红光与青光互补，橙光与青蓝光互补，黄光与蓝光互补，绿光与紫光互补。它们两者之间按一定的强度比例混合均可成为白光（见图 7-1）。

图 7-1　光的互补色示意图

2. 物质的颜色和对光的选择性吸收

（1）物质对光产生选择性吸收的原因

由于不同物质的分子其组成和结构不同，它们所具有的特征能级也不同，故能级差不同，而各物质只能吸收与它们分子内部能级差相当的光辐射，所以不同物质对不同波长光的吸收具有选择性。

（2）物质的颜色与光吸收的关系

物质之所以有颜色，是因为它对不同波长的可见光具有选择性吸收。物质呈现出的颜色恰恰是它所吸收光的互补色，而且溶液颜色的深浅取决于溶液吸收光的量的多少，即取决于吸光物质浓度的高低。一些溶液的颜色与吸收光颜色的互补对应关系如表 7-1 所示。

表 7-1　溶液的颜色与光吸收的关系

物质呈现的颜色	吸收光	
	颜色	波长范围/nm
黄绿	紫	380～435
黄	蓝	435～480
橙红	蓝绿	480～500
红紫	绿	500～560
紫	黄绿	560～580
蓝	黄	580～595
绿蓝	橙	595～650
蓝绿	红	650～760

二、光吸收定律——朗伯-比耳定律

1760 年朗伯指出，当单色光通过浓度一定的、均匀的吸收溶液时，该溶液对光的吸收程度与液层厚度 b 成正比。这种关系称为朗伯定律，其数学表达式为：

$$\lg(I_0/I) = K_1 b$$

1852 年，比耳指出，当单色光通过一定的、均匀的吸收溶液时，该溶液对光的吸收程度与溶液中吸光物质的浓度 c 成正比。这种关系称为比耳定律，其数学表达式为：

$$\lg(I_0/I) = K_2 c$$

将朗伯定律和比耳定律结合起来，可得：

$$\lg(I_0/I) = Kbc$$

该式称为朗伯-比耳定律的数学表达式。

式中　I_0、I——入射光强度和透射光强度；

　　　b——光通过的液层厚度；

　　　c——吸光物质的浓度（$mol \cdot L^{-1}$）；

　　　K_1、K_2 和 K——比例常数。

上式的物理意义是：当一束平行的单色光通过某一均匀的吸收溶液时，溶液对光的吸收程度与吸光物质的浓度和光通过的液层厚度成正比。朗伯-比耳定律不仅适用于可见光区，也适用于紫外光区和红外光区，不仅适用于溶液，也适用于其他均匀的非散射吸光物质，是各类吸光光度法的定量依据。

在朗伯-比尔定律的数学表达式中，K 是一个新的比例常数，定义为吸光系数，又称吸收系数。吸光系数是吸光物质在单位浓度及单位厚度时的吸光度。在给定单色光、溶剂和温度等条件下，吸光系数是物质的特性常数，表明物质对某一特定波长光的吸收能力。不同物质对同一波长的单色光可有不同的吸光系数。吸光系数越大，表明该物质的吸光能力越强，灵敏度越高，所以吸光系数是定性和定量依据。吸光系数有两种常用的表示方式。

1. 摩尔吸收系数 ε

当吸光物质的浓度为 $1mol \cdot L^{-1}$，吸收池厚度为 1cm 时，用 ε 表示，单位为 L/(mol·cm)，朗伯-比尔定律可表示为 $A = \varepsilon bc$。

ε 值越大，反应越灵敏，一般认为 $\varepsilon > 10^4$ 为灵敏体系，$\varepsilon < 10^3$ 则为不灵敏体系，ε 是波长的函数。$\varepsilon = f(\lambda)$，一般情况下 λ_{max} 处的 ε 最大。

2. 比吸光系数或百分吸光系数

是指在一定波长时，浓度为 1%（m/V），厚度为 1cm 的溶液的吸光度，用 $E_{1cm}^{1\%}$ 表示。

当采用 $E_{1cm}^{1\%}$ 计算时，溶液浓度单位为 g/100mL。

三、影响朗伯-比耳定律的因素

1. 物理因素

（1）非单色光（单色光不纯）引起的偏离

严格地讲，朗伯-比耳定律只对一定波长的单色光才成立。但在光度分析仪器中，使用的是连续光源，用单色器分光，用狭缝控制光谱带的宽度，因此投射到吸收溶液的入射光常常是一个一定宽度的光谱带（具有一定波长范围的单色光），而不是真正的单色光。由于不同波长的吸光系数不同，在这种情况下，吸光度与浓度并不完全呈直线关系，因而导致了对朗伯-比耳定律的偏离。为了克服非单色光引起的偏离，应尽量设法得到比较窄的入射光谱带，这就需要有比较好的单色器。棱镜和光栅的谱带宽度仅几纳米，对于一般光度分析足够应用。此外，还应将入射光波长选择在被测物的最大吸收波长处。这不仅是因为在 λ_{max} 处测定的灵敏度最高，还由于在 λ_{max} 附近的一个小范围内吸收曲线较为平坦，在 λ_{max} 附近各波长的光的 ε_{max} 值大体相等，因此在 λ_{max} 处由于非单色光引起的偏离要比在其他波长处小得多。

（2）非平行入射光引起的偏离

若入射光不是垂直通过吸收池，就使通过吸收池溶液的实际光程 b 大于吸收池厚度 b，实际测得的吸光度将大于理论值。

（3）介质不均匀引起的偏离

朗伯-比耳定律要求吸光物质的溶液是均匀的。如果溶液不均匀，例如产生胶体或发生混浊，就会发生工作曲线偏离直线。当入射光通过不均匀溶液时，除了被吸光物质所吸收的那部分光强以外，还将有部分光强因散射等原因而损失。

2. 化学因素

（1）溶液浓度过高引起的偏离

朗伯-比耳定律是建立在吸光质点之间没有相互作用的前提下。但当溶液浓度较高时，吸光物质的分子或离子间的平均距离减小，从而改变物质对光的吸收能力，即改变物质的摩尔吸收系数。浓度增加，相互作用增强，导致在高浓度范围内摩尔吸收系数不恒定而使吸光度与浓度之间的线性关系被破坏。

（2）化学变化引起的偏离

溶液中吸光物质常因解离、缔合、形成新的化合物或在光照射下发生互变异构等，从而破坏了平衡浓度与分析浓度之间的正比关系，也就破坏了吸光度与分析浓度之间的线性关系，产生对朗伯-比耳定律的偏离。

第三节 分光光度法及分光光度计

一、分光光度法

1. 基本原理

可见分光光度法就是利用专门的仪器，对溶液中物质对某种单色光的吸光度进行测量的方法，即通过调节单色器，连续改变单色光的波长（λ），以测量有色溶液对不同波长光线的吸光度（A），从而绘制被测物质的光吸收曲线。从光吸收曲线上可以查出该有色物质的最大吸收波长（λ_{max}）。然后以 λ_{max} 作为入射光的波长，测定出有色溶液的吸光度，再通过标准曲线法或比较法，求出待测溶液的浓度。

2. 分光光度法的测定方法

（1）标准曲线法（工作曲线法）

实际工作中应用最多的一种定量方法。测量步骤：先配制与被测物质含有相同组分的一系列标准有色溶液，置于相同厚度的吸收池中，以空白溶液作为参比溶液，选用最大吸收波长（λ_{max} 的单色光，在分光光度计上分别测定其吸光度 A）。然后以浓度 c 为横坐标，吸光度 A 为纵坐标作图，得到一条通过原点的直线，称为标准曲线或工作曲线，如图 7-2 所示。

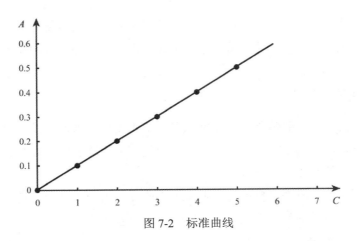

图 7-2　标准曲线

在测定被测物质溶液浓度时，用与绘制曲线时相同的操作方法和测量条件，测定出待测溶液的吸光度，再从标准曲线上查出其吸光度所对应的浓度。

（2）比较法

将待测溶液和标准溶液在相同的条件下显色，然后分别测定其吸光度（A）。根据朗伯–比尔定律有：

$$A_标 = K_1bc_标, \qquad A_测 = K_1bc_测$$

由于待测溶液和标准溶液是同一物质，入射光波长相同，液层厚度相同，温度也相同，故

$$K_1 = K_2$$
$$A_标/A_测 = c_标/c_测, \qquad c_测 = c_标 \times A_测/A_标$$

运用上述关系进行计算时，只有 $c_测$ 和 $c_标$ 非常接近时，结果才是可靠的，否则会产生较大的误差。

二、分光光度计

分光光度计根据使用波长范围的不同可分为可见分光光度计（400~780nm）和紫外-可见分光光度计（200~1000nm）。可见分光光度计只能用于测定对可见光有吸收的有色溶液，而紫外-可见分光光度计可以测定在紫外、可见及近红外光区有吸收的物质。

（一）紫外-可见分光光度计仪器的类型

1. 单光束分光光度计

经单色器分光后的一束平行光，轮流通过参比溶液和样品溶液，以进行吸光度的测定。这种简易型分光光度计结构简单，操作方便，维修容易，适用于常规分析。

单光束分光光度计是由一束经过单色器的光，轮流通过参比溶液和样品溶液，以进行光强度测量。

这种分光光度计的特点是结构简单、价格便宜，主要适于做定量分析；缺点是测量结果受电源的波动影响较大，容易给定量结果带来较大误差。此外，这种仪器操作麻烦，不适于做定性分析。

2. 双光束分光光度计

通过单色器分光后经反射镜分解为强度相等的两束光，一束通过参比池，一束通过样品池。光度计能自动比较两束光的强度，此比值即为试样的透射比，经对数变换将其转换成吸光度并作为波长的函数记录下来。

双光束分光光度计一般都能自动记录吸收光谱曲线。由于两束光同时分别通过参比池和样品池，因此还能自动消除光源强度变化所引起的误差。

3. 双波长分光光度计

由同一光源发出的光被分成两束，分别经过两个单色器，得到两束不同波长（λ_1 和 λ_2）的单色光。利用切光器使两束光以一定的频率交替照射同一吸收池，然后经过光电倍增管和电子控制系统，最后由显示器显示出两个波长处的吸光度差值 ΔA（$\Delta A = A\lambda_1 - A\lambda_2$）。对于多组分混合物、混浊试样（如生物组织液）分析，以及存在背景干扰或共存组分吸收干

扰的情况下，利用双波长分光光度法往往能提高方法的灵敏度和选择性。利用双波长分光光度计能够获得导数光谱。

通过光学系统转换，使双波长分光光度计能很方便地转化为单波长工作方式。如果能在λ_1和λ_2处分别记录吸光度随时间变化的曲线，还能进行化学反应动力学研究。

（二）分光光度计的结构原理

不论光度计、比色计还是分光光度计，其基本结构原理都是相似的，都由光源、单色光器、狭缝、吸收杯和检测器系统等部分组成（见图7-3）。

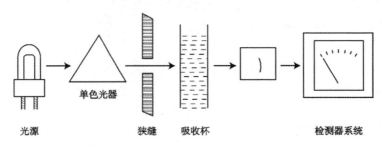

图 7-3　光度计和分光光度计的结构原理

1. 光源（或称辐射源）

光源的作用是提供符合要求的入射光，几乎所有的光度计都采用稳压调控的钨灯，它适用于作 340～900nm 范围的光源。更先进的分光光度计外加有稳压调控的氢灯，它适用于作 200～360nm 的紫外分光分析的光源。

2. 单色光器（分光系统）

单色光器的作用是把光源发出的连续光谱分解为单色光，包括狭缝和色散元件两部分。色散元件用棱镜或光栅制成。

棱镜是根据光的折射原理将复合光色散为不同波长的单色光，然后再让所需波长的光通过一个很窄的狭缝照射到吸收池上。由于狭缝很窄，只有几纳米，故得到的单色光比较纯。

光栅是根据光的衍射和干涉原理来达到色散目的的。它也是让所需波长的光经过狭缝照射到吸收池上，所以得到的单色光也比较纯。光栅色散的波长范围比棱镜宽，而且色散均匀。

3. 比色皿（吸收池）

比色皿是由无色透明的光学玻璃或熔融石英制成的，用于盛装试液和参比溶液。注意保护比色皿的质量是取得好的分析结果的重要条件之一。不得用粗糙、坚硬物质接触比色皿，不能用手拿比色皿的光学面，用后要用水及时冲洗，不得残留测定液。

4. 检测器

检测器是把透过吸收池后的透射光强度转换成电信号的装置，故又称光电转换器。检测系统包括光电管和指示器，具有灵敏度高、对透过光的响应时间短、同响应的线性关系好，以及对不同波长的光具有相同的响应可靠性等特点。

5. 信号显示系统

作用是将检测器产生的电信号放大并显示出来。分光光度计中常用的显示装置为较灵敏的检流计。检流计用于测量光电池受光照射后产生的电流，但其面板上标示的不是电流值，而是透光率 T 和吸光度 A，这样就可直接从检流的面板上读取透光率和吸光度。因为 $A=-\lg T$，故板面上吸光度的刻度是不均匀的。

第四节　显　色　反　应

一、显色反应和显色剂

1. 显色反应

在光度分析中，将试样中被测组分转变成有色化合物的化学反应叫显色反应。与被测组分化合成有色物质的试剂称为显色剂。显色反应主要有配位反应和氧化还原反应两大类，配位反应是最主要的显色反应。显色反应一般应满足以下要求。

（1）选择性好。一种显色剂最好只与一种被测组分起显色反应，干扰离子容易消除，或者显色剂与被测组分和干扰离子生成的有色化合物的吸收峰相隔较远。

（2）灵敏度高。灵敏度高的显色反应有利于微量组分的测定。灵敏度的高低可从摩尔吸光系数值的大小来判断。灵敏度高的同时还应注意选择性。

（3）有色化合物的组成更恒定，化学性质要稳定。

（4）显色剂和有色化合物之间的颜色差别要大。一般要求两者的 λ_{max} 之差在 60nm 以上。

（5）显色反应的条件要易于控制，使测定结果的再现性好。

2. 显色剂

能与无色物质反应并将其转化成有色物质的试剂称为显色剂。显色剂主要有无机显色剂和有机显色剂两大类。

（1）无机显色剂：许多无机显色剂能与金属离子发生显色反应，但由于灵敏度不高、选择性较差等原因，具有实用价值的并不多。常用的无机显色剂主要有：硫氰酸盐、钼酸铵、氨水以及过氧化氢等。如 Cu^{2+} 与氨水生成 $Cu(NH_3)_4^{2+}$，硫氰酸盐与 Fe^{3+} 生成红色的配离子 $FeSCN^{2+}$ 或 $Fe(SCN)_5^{2-}$，等等。

（2）有机显色剂：有机显色剂与金属离子形成的配合物的稳定性、灵敏度和选择性都比较高，而且有机显色剂的种类较多，实际应用广。

二、显色反应条件的选择

1. 显色剂的用量

显色剂用量的多少要根据实验来确定。方法是：保持待测组分浓度不变，作吸光度随显色剂浓度变化的曲线，选取吸光度恒定时的显色剂用量。

2. 溶液的酸度

酸度对显色反应的影响很大，也必须通过实验确定适宜的酸度范围。方法是：固定其他条件不变，配制一系列 pH 值不同的溶液，分别测定它们的吸光度 A。以 pH 为横坐标，吸光度 A 为纵坐标作图，曲线中间一段 A 较大而又恒定的平坦部分所对应的 pH 值范围就是适宜的酸度范围。

3. 显色时间

时间对显色反应的影响表现在两个方面：一方面它反映了显色反应速度的快慢，另一方面反映了显色络合物的稳定性。因此测定时间的选择必须综合考虑这两个方面。对于慢反应，应等待反应达到平衡后再进行测定；而对于不稳定的显色络合物，则应在吸光度下降之前及时测定。

4. 干扰物质的影响

样品中干扰物质的影响主要有两种情况：一种是干扰物质本身有颜色，另一种是干扰物质与显色剂反应生成了有色化合物。消除干扰物质的方法有以下几种。

（1）控制溶液的酸度。

（2）加入适当的掩蔽剂。

（3）选择合适的参比溶液。

（4）用有机溶剂萃取、离子交换、蒸馏挥发等方法分离。

习　　题

1. 什么是吸光光度法？它有哪些特点？

2. 影响显色反应的因素有哪些？

3. 朗伯–比尔定律的物理意义是什么？

4. 什么是透光率？什么是吸光度？二者之间的关系是什么？

5. 填空题

（1）朗伯-比尔定律表达式中的吸光系数在一定条件下是一个常数，它与_____、_____及_____无关。

（2）可见分光光度法主要用于对试样溶液进行_____；以不同波长单色光作为入射光测得的某一溶液的吸光度为纵坐标，入射光波长为横坐标作图，所得曲线称为_____。

（2）常用的参比溶液（空白溶液）有_____、_____和_____。

（3）当温度和溶剂种类一定时，溶液的吸光度与_____和_____成正比，这称为_____定律。

（4）一有色溶液，在比色皿厚度为 2cm 时，测得吸光度为 0.340。如果浓度增大 1 倍，其吸光度 $A=$_____，$T=$_____。

（5）光度分析中，偏离朗伯-比尔定律是入射光的_____差和吸光物质的_____引起的。

（6）如果显色剂或其他试剂对测量波长也有一些吸收，应选_____为参比溶液；如试样中其他组分有吸收，但不与显色剂反应，则当显色剂无吸收时，可用_____作参比溶液。

（7）在紫外-可见分光光度法中，工作曲线是_____和_____之间的关系曲线。当溶液符合比耳定律时，此关系曲线应为_____。

6. 选择题

（1）人眼能感觉到的光称为可见光，其波长范围是（　　）。

A. 400～760nm　　　　B. 200～400nm　　　　C. 200～600nm　　　　D. 400～1000nm

（2）吸光光度法属于（　　）。

A. 滴定分析法　　　B. 重量分析法　　　C. 仪器分析法　　　D. 化学分析法

（3）在光度分析中，某有色溶液的最大吸收波长（　　）。

A. 随溶液浓度的增大而增大　　　　B. 随溶液浓度的增大而减小

C. 与有色溶液的浓度无关　　　　　D. 随溶液浓度的变化而变化

（4）在分光光度法中，宜选用的吸光度读数范围是（　　）。

A. 0～0.2　　　　B. 0.1～0.3　　　C. 0.3～1.0　　　D. 0.2～0.8

（5）影响有色配合物的摩尔吸光系数的因素是（　　）。

A. 比色皿的厚度　　　　　　　B. 入射光的波长

C. 有色配合物的浓度　　　　　D. 都不是

（6）在光度分析中，某有色溶液的吸光度（　　）。

A. 随溶液浓度的增大而增大　　　　B. 随溶液浓度的增大而减小

C. 与有色溶液的浓度无关　　　　　D. 随溶液浓度的变化而变化

7. 安络血的相对摩尔质量为 236，将其配成 100mL 含安络血 0.4300mg 的溶液，盛于 1cm 吸收池中，在 λ_{max}=55nm 处测得 A 值为 0.483，试求安络血的 $E_{1cm}^{1\%}$ 和 ε 值。

8. 称取维生素 C 0.0500 g 溶于 100 mL 的 5mol·L^{-1} 硫酸溶液中，准确量取此溶液 2.00mL 稀释至 100mL，取此溶液于 1cm 吸收池中，在 λ_{max}=245nm 处测得 A 值为 0.498。求样品中维生素 C 的百分质量分数。[$E_{1cm}^{1\%} = 560$ mL/(g·cm)]

第三部分　有机化学基础知识

第八章　烃

【知识目标】

1. 了解各种烃的结构及其同分异构现象。
2. 理解各种烃的性质。
3. 掌握烷烃、烯烃及单环芳烃的主要化学性质。

【技能目标】

1. 学会用系统命名法给烷烃、烯烃、炔烃、环烷烃及芳香烃命名。
2. 能够利用各种烃的特殊化学性质进行定性检验。

第一节　有机化合物概述

有机化合物又叫含碳化合物，简称有机化合物，即除了碳的单质（C）、碳的氧化物（CO、CO_2）、碳酸（H_2CO_3）、碳酸盐、金属碳化物（CaC_2 等）和某些非金属碳化物（SiC 等）等外的含碳化合物均为有机化合物。人们对有机化合物的认识经历了一个非常漫长的过程。19 世纪初期，瑞典化学家柏齐利乌丝将来自生命体的动物物质和植物物质统称为有机化合物。1828 年德国化学家维勒第一次在实验室从氰酸铵中得到了尿素，它是人类最早人工合成的有机化合物。此后，人们又相继在实验室人工合成了乙酸、糖、油脂等有机化合物。随着科学技术的不断进步，人类的衣、食、住、行已经离不开有机化合物。如：合成橡胶、合成纤维、植物生长调节剂、有机农药、合成激素、合成树脂及许多药物、染料、食品等。因此把研究有机化合物的组成、结构、性质及其变化规律的科学称为有机化学。

一、有机化合物的特性

至今，有机化合物已达三千多万种，且在不断增加，而无机物只有十几万种。主要原因有三个：其一，有机化合物分子中碳原子之间的成键能力很强，成键方式多样，不仅可形成单键，还可以形成双键和三键；其二，碳原子之间还可以以不同方式形成链状或者环状；其三，有机化合物分子存在许多同分异构体。

有机化合物与无机物相比，有其特殊的性质。

1. 溶解性

有机化合物在水中的溶解度一般很小。依据"相似相溶"原理，有机化合物易溶于有机溶剂，如酒精、乙醚、四氯化碳、汽油等，却难溶于水。

2. 可燃性

绝大多数有机化合物易燃，如汽油、煤油、油脂、纤维等。因为有机化合物中主要含有碳和氢两种元素，燃烧时碳化变黑，最终生成二氧化碳和水。因此常用此方法初步鉴别有机化合物和无机物。

3. 熔点和沸点较低

有机化合物对热的稳定性较差，其熔点一般≤400℃。

4. 反应速率小，并常伴有副反应

有机化合物发生化学反应时，反应条件较多且复杂，反应速率也小，常伴有副反应发生。因此要经过分离提纯才能得到较纯净的化合物。如石油、煤的形成需要将动、植物遗体埋在地下数千万年、上亿年，而且产物极其复杂。

5. 组成和结构复杂

有机化合物的结构比较复杂，同分异构现象普遍存在。两种成两种以上的化合物具有相同的分子组成，但结构和性质均不同的化合物，此现象称为同分异构现象，具有同分异构现象的有机化合物互为同分异构体。比如乙醇和甲醚的分子式都是 C_2H_6O，二者结构大不相同，因而表现出的性质也不相同，两者互为同分异构体。

当然，有机化合物和无机物在性质上的差别是相对的，并不绝对。例如：葡萄糖、乙醇、乙酸、甘油等易溶于水；还有些有机化合物反应速率很快，如 TNT 炸药爆炸等。

二、有机化学与农业科学的关系

有机化学与农业生产息息相关，它的研究成果常常是农业生产的科学依据。例如有机肥料的生产与施用、有机农药的生产与应用、环境保护、土壤分析、病毒的分析与控制、疾病的检测与防治等。

有机化学与农业科学的发展密切相关。对于农林类专业的高等职业院校的学生，许多专业课均涉及有机化学的基本知识，例如植物生长环境、微生物学、动物病理、动物药理、植物保护、生物化学、食品应用化学、农作物营养学、饲料生产技术等，均与有机化学相关。随着科学的不断进步，有机化学必将在农业生产中发挥更大的作用。而作为农林类高等职业院校的学生，掌握好有机化学的基本知识和技能是学好专业知识与技能的前提。

三、有机化合物的结构

物质的结构决定物质的性质。组成有机化合物分子的元素有碳元素、氢元素、氧元素、氮元素、硫元素、磷元素、氯元素等，各元素之间主要以共价键相结合。碳原子之间不但可以形成碳碳单键，还可以形成碳碳双键和碳碳三键，碳原子与其他原子之间可以形成碳氧单键、碳氧双键、碳氮单键、碳氮双键、碳硫单键、碳氯单键等。

1. 共价键

在有机化合物分子中，碳元素是主要元素。碳原子最外层有 4 个电子，与其他原子形成化合物时，既不易得电子，也不易失电子，容易以共用电子对的形式形成 4 个共价键，因此有机化合物分子中，碳原子通常显+4 价，1 个碳原子可与氢、氧、氮等元素结合形成 4 个共价键。例如：最简单的有机化合物甲烷。

甲烷	H:C:H	H—C—H	CH_4	CH_4
物质名称	电子式	结构式	结构简式	分子式

为了便于表示有机化合物，习惯采用结构简式或结构式。有机化合物分子中，用两个小圆点表示一对共用电子对的式子叫作电子式；分子中各原子之间用短线代表共价键将其相连的式子叫作结构式；把有机化合物分子中的碳氢键省略，只保留特征官能团的简单的式子叫作结构简式。

碳原子之间可以形成碳碳单键、双键或叁键：

—C—C—	>C=C<	—C≡C—
碳碳单键	碳碳双键	碳碳三键

碳原子之间以共价键相结合时，不但可以结合成链状"碳骨架"，还可以结合成环状"碳骨架"。

2. 共价键的类型

在有机化合物分子中，按照原子轨道重叠的方式不同，原子之间形成共价键有两种成键方式，一种是 σ 键，另一种是 π 键。电子云以"头碰头"方式相重叠时称为 σ 键，电子云以"肩并肩"方式相重叠时称为 π 键。

二者的区别有以下几点。

（1）二者的重叠方式不同，形成有机化合物时的稳定性就不同。一般而言，σ 键相对稳定，而 π 键活泼性比较强，容易发生化学反应。

（2）以 σ 键相连的两个碳原子可以绕键轴自由旋转，以 π 键相连的两个碳原子相互影响但不能自由旋转。

（3）两个碳原子之间只能有一个 σ 键，而 π 键可以是一个，也可以多于一个，且 π 键不能单独存在，所以单键必然是 σ 键，双键中有一个 σ 键和一个 π 键，三键中有一个 σ 键和两个 π 键。

四、有机化合物的分类

针对有机化合物数量繁多且结构比较复杂的特点，为了便于学习，根据有机化合物的性质特点或者其结构特点，将有机化合物进行分类，目前的分类方法主要有两种。

一种是依据有机化合物分子中"碳骨架"进行分类，一种是依据有机化合物分子中的官能团进行分类。

（一）按"碳骨架"分类

根据有机化合物分子中基本"碳骨架"的不同，将有机化合物分为链状化合物和环状化合物。

1. 链状化合物

由于这类化合物最早发现于脂肪中，又叫脂肪族化合物。此类化合物分子中"碳骨架"形成一条链状，故称链状化合物。

例如：

$$CH_3—CH_2—CH_3 \qquad\qquad H_2C = CH—CH_3 \qquad\qquad CH_3—CH_2—OH$$
丙烷 丙烯 乙醇

2. 环状化合物

此类有机化合物分子中的主要"碳骨架"形成闭合的环状结构，故称环状化合物。当有机化合物的分子中形成的"碳骨架"原子全部是碳原子时，称为碳环化合物；当有机化合物的分子中形成的"碳骨架"原子除了碳原子还有氮原子、硫原子和氧原子等其他原子时，称为杂环化合物。

（1）碳环化合物

碳环化合物又分为脂环族化合物和芳香族化合物。环丙烷和环己酮是脂环族化合物，性质与脂肪族化合物相似。

例如：

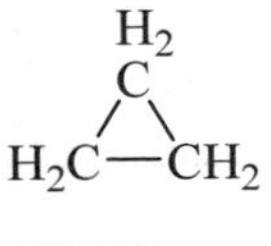

环丙烷 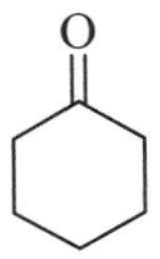 环己酮

有些化合物分子中含有苯环并具有与脂肪族和脂环族化合物不同的性质，由于其最初是从具有芳香味的有机化合物和香树脂中发现的，故称为芳香族化合物。

例如：

苯   甲苯

（2）杂环化合物

环状化合物中的碳环上还含有其他原子。

例如：

呋喃   吡嗪

（二）按官能团分类

官能团是指决定一类有机化合物的主要化学性质的原子、原子团或者一些特殊结构。有机反应主要发生在其官能团上，因此具有相同官能团的化合物有相似的化学性质。有机化合物中主要的官能团及其结构见表 8-1。

表 8-1　官能团及其结构

官能团名称	官能团结构	化合物类型	化合物举例
双键	$\diagup C = C \diagdown$	烯烃	$H_2C = CH_2$
三键	$-C \equiv C-$	炔烃	$HC \equiv CH$
卤素	$-X$（F，Cl，Br，I）	卤代烃	CH_3-CH_2Cl
羟基	$-OH$	醇	CH_3-CH_2OH
酚羟基	$-OH$	酚	苯酚（带—OH）
醚键	$-O-$	醚	CH_3-O-CH_3

（续表）

醛基	$\begin{matrix} O \\ \parallel \\ -C-H \end{matrix}$	醛	$\begin{matrix} O \\ \parallel \\ CH_3-C-H \end{matrix}$
酮基	$\begin{matrix} O \\ \parallel \\ -C- \end{matrix}$	酮	$\begin{matrix} O \\ \parallel \\ CH_3-C-CH_3 \end{matrix}$
羧基	$\begin{matrix} O \\ \parallel \\ -C-OH \end{matrix}$	羧酸	$\begin{matrix} O \\ \parallel \\ CH_3-C-OH \end{matrix}$
氨基	$-NH_2$	胺	$CH_3-CH_2-NH_2$

第二节 饱和链烃——烷烃

只含碳、氢两种元素的有机化合物称为碳氢化合物，简称烃。根据烃分子结构的不同，将烃分为链烃和环烃。根据化合物分子是否饱和，将链烃分为饱和链烃和不饱和链烃。饱和链烃分子中碳原子之间以共价单键相连，称为烷烃，简称烷。不饱和链烃分子中碳原子之间除了共价单键还有双键或者三键。例如：直链烷烃属于饱和链烃，烯烃、炔烃、二烯烃属于不饱和链烃。环烃分为脂环烃和芳香烃。例如：环丙烷、环丁烷、环戊烷、环己烷等属于脂环烃，苯、甲苯、二甲苯、萘等属于芳香烃。

一、烷烃同系列和同分异构体

（一）烷烃的同系列及同系物

烷烃中最简单的是甲烷，还有乙烷、丙烷、丁烷、戊烷……甲烷的分子式是 CH_4，乙烷的分子式是 C_2H_6，丙烷的分子式是 C_3H_8，丁烷的分子式是 C_4H_{10}，戊烷的分子式是 C_5H_{12}。不难看出，甲烷分子中含一个碳原子，从甲烷开始，当碳原子增加一个，烷烃中的氢原子就相应地增加 2 个。那么，假设碳原子的数目为 n，则氢原子的数目即为 $2n+2$，所以我们可以用一个式子来表示直链烷烃分子式，即 C_nH_{2n+2}，这个式子称为烷烃的通式。例如：当 $n=8$ 时，分子式为 C_8H_{18}，当 $n=10$ 时，分子式为 $C_{10}H_{22}$，当 $n=14$ 时，分子式为 $C_{14}H_{30}$。

凡是结构相似，分子组成上相差一个或多个 CH_2 的化合物，称为同系列。同系列中的各种化合物互称同系物。同系物由于有相似的结构，具有相似的化学性质。

（二）同分异构现象

有一些化合物的分子组成相同，结构却不相同。

例如：分子式为 C_4H_{10} 的有机化合物有两种不同的结构式：

	$CH_3CH_2CH_2CH_3$	$CH_3CH(CH_3)_2$
	正丁烷	异丁烷
熔点/℃	−138.4	−159.6
沸点/℃	−0.5	−11.7
液态密度/(g / mL)	0.5788	0.557

结构不同，分子式相同的现象，叫作同分异构现象。具有同分异构现象的化合物互称同分异构体。

例如：C_4H_{10} 有 2 种同分异构体，C_5H_{12} 有 3 种同分异构体，C_6H_{14} 有 5 种同分异构体。

二、烷烃的命名

（一）烃基

当烃分子失去 1 个或几个氢原子后剩下的部分叫作烃基，用"—R"表示。烷烃失去 1 个氢原子后剩余的部分叫作烷基，表示为 $-C_nH_{2n+1}$。常见的烷基有：

甲烷：CH_4　　　乙烷：C_2H_6　　　丙烷：C_3H_8

甲基：$-CH_3$　　乙基：$-CH_2CH_3$　　丙基：$-CH_2CH_2CH_3$

（二）普通命名法

对于碳原子较少的简单烷烃常采用此法命名。即按有机化合物分子中碳原子总数称为某烷。十个碳原子以内的烷烃分别对应天干的甲、乙、丙、丁、戊、己、庚、辛、壬、癸。

对于碳原子数较少的烷烃的同分异构体，也可用正、异、新烷来区分。直链的称为"正"某烷（有时"正"字可以省略）；碳链中第二个碳原子上有一个甲基的烷烃称为"异"某烷；第二个碳原子上有两个甲基的烷烃称为"新"某烷。如正戊烷、异戊烷和新戊烷。有机化合物分子中碳原子数大于十个的化合物用汉字表示。例如十五烷、二十烷等。

（三）系统命名法

1979 年国际纯粹与应用化学联合会公布了有机化合物的统一命名原则。后来中国化学会根据国际通用的命名原则，结合中国的语言特点编写了一种标准命名法。此命名法的具体步骤如下。

1. 选择主链

选择有机化合物结构中含有碳原子数最多的碳链为主链，称为"某烷"。注意当几个等长的碳链均可做主链时，选择取代基较多的为主链。十个碳原子以内的用"天干"表示，大于十个碳原子的用汉字基数表示，例如十三烷、二十六烷等，同普通命名法。

2. 给主链编号

用阿拉伯数字 1，2，3……从靠近取代基的一端开始编号。小的基团在前，大的基团在后，当相等距离两端同时遇到相同基团时，则依次比较第二个基团，这样就可以确定取代基的位置，同时注意取代基的代数和要最小。命名时把取代基的位次和名称写在"某烷"的前面，二者之间用断线"-"隔开。

3. 取代基命名

相同的取代基可以合并，其数目可以用二、三、四等表示，数目之间用"，"隔开。若同一碳原子上连有不同的取代基，则把简单的取代基的位次和名称写在前面，复杂的取代基位次和名称写在后面。

4. 命名

依次写出取代基的位次、个数、名称，最后写出某烷。

例如：

$CH_3CH（CH_3）CH_2CH_2CH_3$
2-甲基戊烷

$CH_3CH（CH_3）CH（CH_3）CH_3$
2,3-二甲基丁烷

三、烷烃的性质

（一）物理性质

在烷烃中，随着相对分子质量的逐渐增加，其物理性质熔点、沸点、相对密度等，呈现出有规律的变化，熔点、沸点随着碳原子的增加逐渐增加。常温时，直链烷烃从甲烷到丁烷为气态，戊烷到十六烷为液态，从十七烷开始其余都是固态。所有烷烃均难溶于水，易溶于乙醇、乙醚等有机溶剂。

（二）烷烃的化学性质

由于烷烃中的碳原子与其他原子之间以共价单键相结合。因此，一般情况下，烷烃不与强酸、强碱、强氧化剂、强还原剂及活泼金属反应；但在特殊条件下，如高温、光照、过氧化物和催化剂等条件下，可以和卤素、氧气等发生化学反应。

1. 燃烧反应

$$CH_4 + 2O_2 \xrightarrow{\text{点 燃}} CO_2 + 2H_2O + Q$$

2. 取代反应

烷烃与甲烷相似，可以与氯气、溴水等卤素单质等在光照条件下发生取代反应，生成卤代烷。卤代烷是指烷烃中的氢原子被卤素原子取代形成的化合物。

例如：

$$CH_4 + Cl_2 \xrightarrow{\text{光 照}} CH_3Cl + HCl$$

一氯甲烷

$$CH_3Cl + Cl_2 \xrightarrow{\text{光 照}} CH_2Cl_2 + HCl$$

二氯甲烷

$$CH_2Cl_2 + Cl_2 \xrightarrow{\text{光 照}} CHCl_3 + HCl$$

三氯甲烷

$$CHCl_3 + Cl_2 \xrightarrow{\text{光 照}} CCl_4 + HCl$$

四氯化碳

3. 氧化反应

常温时，烷烃一般不与空气中的氧气发生化学反应。而烷烃在空气中极易燃烧生成二氧化碳和水，并放出大量的热。烷烃完全燃烧的反应可用下式表示：

$$C_nH_{2n+2} + (3n+1)/2\ O_2 \xrightarrow{\text{点 燃}} nCO_2 + (n+1)H_2O + Q$$

第三节 不饱和链烃

直链有机化合物分子中含有不饱和键时，称为不饱和链烃。根据结构的不同将不饱和链烃分为烯烃和炔烃。单烯烃的通式是 C_nH_{2n}，单炔烃的通式是 C_nH_{2n-2}。

如乙烯为 C_2H_4，乙炔为 C_2H_2。

一、烯烃

（一）烯烃的结构

分子结构中含有碳碳双键（—C＝C—）的开链不饱和烃称为烯烃。乙烯是最简单的烯烃。丙烯的结构简式是 $CH_3—CH＝CH_2$、丁烯的结构简式是 $CH_3—CH_2—CH＝CH_2$。它们在组成上均相差一个或几个 CH_2 原子团，所以都与乙烯互为同系物。

（二）烯烃的同分异构体

烯烃的同分异构体比烷烃要复杂得多。

1. 碳链异构

烯烃的碳链异构与烷烃相似，都会因碳原子的连接方式不同造成异构。

2. 官能团异构

由于官能团的位置不同造成的异构现象。

例如：丁烯（C_4H_8）的同分异构体有以下三种。

$$CH_3—CH_2—CH＝CH_2 \qquad\qquad CH_3—CH＝CH—CH_3$$
$$\text{1-丁烯} \qquad\qquad\qquad\qquad \text{2-丁烯}$$

$$H_2C＝CH—CH_3$$
$$\overset{|}{CH_3} \qquad\qquad \text{2-甲基丙烯}$$

3. 顺反异构

碳碳双键是烯烃的官能团，它由一个 σ 键和一个 π 键组成，因此碳碳双键不能自由旋转，双键两侧的基团在空间上会有所不同，从而造成异构现象，该异构现象称为顺反异构。若两个相同的原子或基团处在双键的同侧，叫作顺式结构；若两个相同原子位于双键的两侧，叫作反式结构。诸如这样因碳碳双键两侧的基团在空间上的位置不同而形成的异构现象叫作顺反异构现象，其形成的同分异构体叫作顺反异构体。

顺-2-丁烯 　　 反-2-丁烯

丁烯的顺反结构

在烯烃中顺反异构现象很常见，但是并非所有烯烃都有顺反异构现象。当构成双键的两个碳原子各连有不同的原子或原子团时，才有顺反异构现象。否则就不存在顺反异构现象。也就是其中一个双键碳原子上连接有相同的原子或基团时，该烯烃就没有顺反异构体。如 1-丁烯没有顺反异构体。

1-丁烯

当双键上连接了四个不相同的原子或基团时，就很难用顺反命名法来命名了，这时要采用 Z/E 法来命名。若较大的原子或基团位于双键的同侧，叫作 Z 式结构；若较大的原子或基团位于双键的两侧，叫作 E 式结构。根据国际纯粹与应用化学联合会（IUPAC）制定的命名法则，常见的原子从大到小的顺序为 $I > Br > Cl > S > P > O > N > C > H$，按照这个顺序，排列在前面的原子称为优先基团，当两个优先基团在同一侧时用字母 Z 表示，反之则用字母 E 表示相反。

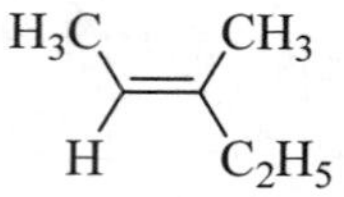

（E）-3-甲基-2-戊烯 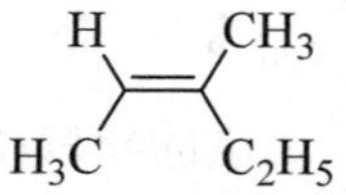　　　　（Z）-3-甲基-2-戊烯

（三）烯烃的命名

由于双键是烯烃的官能团，因此要选择含有双键的最长碳链作为主链，其余的步骤与烷烃相同。

例如：

$CH_3CH = CHCH_3$　　　　　　　　　　　　　2-丁烯

$CH_3CH（CH_3）CH = CHCH_3$　　　　　　　4-甲基-2-戊烯

$CH_3C（CH_3）= C（CH_3）CH_2CH_3$　　　　2,3-二甲基-2-戊烯

$CH_3CH（CH_3）C（C_2H_5）= CH_2$　　　　　3-甲基-2-乙基-1-丁烯

（四）烯烃的性质

1. 物理性质

在室温条件下，从乙烯到丁烯均为气态，从戊烯到十八烯均为易挥发的液态，从十九烯以上均为固态，熔点、沸点、密度与烷烃相似，随碳原子数目增加而升高，所以烯烃都难溶于水，易溶于有机溶剂，纯的烯烃都是无色的。

2. 化学性质

烯烃的官能团是双键，因此易发生加成反应、氧化反应和聚合反应等。

（1）氧化反应

烯烃和烷烃一样可以与氧气在点燃的条件下发生反应，生成二氧化碳和水。例如：

$$CH_2{=\!=}CH_2 + 3O_2 \xrightarrow{\text{点 燃}} 2CO_2 + 2H_2O$$

烯烃可以被高锰酸钾等强氧化剂氧化。将丙烯通入酸性 $KMnO_4$ 溶液中，溶液的紫色逐渐褪去，最终生成乙酸、二氧化碳和水。将乙烯通入冷的碱性 $KMnO_4$ 溶液中，$KMnO_4$ 溶液的紫色褪色，此方法可以用于鉴别甲烷和乙烯。

$$5CH_2{=\!=}CH_2 + 12KMnO_4 + 18H_2O \longrightarrow 12MnSO_4 + 6K_2SO_4 + 10CO_2 + 28H_2O$$

用氯化钯-氧化铜作催化剂，乙烯则被氧化成乙醛：

$$CH_2{=\!=}CH_2 + 1/2O_2 \xrightarrow{PbCl-CuCl_2} H_3C{-\!-}CHO$$

（2）加成反应

有机化合物分子中不饱和的碳原子跟其他原子或原子团直接结合生成饱和有机化合物的反应叫作加成反应。

① 与氢气的加成反应。

例如：烯烃可以在一定的条件下，与 H_2 发生加成反应。

$$CH_2{=\!=}CH_2 + H_2 \xrightarrow{Ni/Pb} CH_3CH_3$$

② 与 Cl_2 和 Br_2 的加成反应。

$$CH_2{=\!=}CH_2 + Cl_2 \xrightarrow{FeCl_3 , 40℃} CH_2ClCH_2Cl$$

将乙烯通入溴的四氯化碳溶液中，溴的棕色褪去。此法可用于鉴别烯烃的存在。

$$CH_2{=\!=}CH_2 + Br_2 \longrightarrow Br\,CH_2CH_2Br$$

1，2-二溴乙烷

③ 与 HCl 的加成反应。

$$CH_2{=\!=}CH_2 + HCl \xrightarrow{\text{无水 } AlCl_3} CH_3CH_2Cl$$

19 世纪，俄国化学家马尔可夫尼科夫根据大量实验，得出了一条规律：当不对称的烯烃与卤化氢等试剂发生加成时，试剂中的氢原子加到烯烃中含氢原子较多的双键碳原子上，卤素原子加到含氢较少的双键碳原子上。这就是著名的马尔可夫尼科夫加成规则，简称马氏规则。根据马氏规则可以预测烯烃加成反应中的主要产物。

但是有过氧化物存在时，不对称烯烃与溴化氢的加成则与马氏规则相违背。例如：

$$CH_3(CH_2)_6CH\!=\!CH_2 + HBr \xrightarrow{\text{过氧化物}} CH_3(CH_2)_6CH_2CH_2Br$$

也就是说当有过氧化物存在时，溴化氢与不对称烯烃发生加成反应时，氢原子加到含氢较少的碳原子上，卤原子加到含氢较多的碳原子上，这就是反马加成。但是过氧化物的存在，对于不对称烯烃与氯化氢、碘化氢等的加成没有这种影响。

④ 与硫酸的加成反应。

烯烃可与冷的浓硫酸发生加成反应，生成硫酸氢酯。

例如：

$$CH_2\!=\!CH_2 + HOSO_2OH_{(浓)} \longrightarrow CH_3\!-\!CH_2OSO_2OH$$
$$\text{硫酸氢乙酯}$$

不对称烯烃与硫酸的加成反应，符合马氏规则。

例如：

$$(CH_3)_2C\!=\!CH_2 + HOSO_2OH \longrightarrow (CH_3)_3C\!-\!OSO_2OH$$
$$\text{硫酸氢叔丁酯}$$

⑤ 与水的加成反应。

在酸做催化剂的条件下，烯烃与水直接发生加成反应，生成醇类化合物。不对称烯烃与水的加成反应符合马氏规则。

例如：

$$CH_2\!=\!CH_2 + H_2O \xrightarrow{\text{磷酸-硅藻土，300℃,7MPa}} CH_3\!-\!CH_2OH$$

（3）聚合反应

在特定条件下，烯烃分子中的双键可发生相互加成反应，从小分子化合物生成大分子化合物的反应叫作聚合反应。参加反应的烯烃叫作单体，生成的大分子化合物叫作聚合物，n 为聚合度。

例如：乙烯在一定温度、压力及催化剂条件下，可发生聚合反应，生成聚乙烯。

$$n CH_2\!=\!CH_2 \longrightarrow \!-\!\!\left[CH_2\!-\!CH_2\right]\!_n$$
$$\text{聚乙烯}$$

氯乙烯也可以在一定温度、压力及催化剂条件下发生聚合反应，生成聚氯乙烯。

$$n CH_2\!=\!CHCl \longrightarrow \!-\!\!\left[CH_2\!-\!CHCl\right]\!_n$$

聚氯乙烯

聚乙烯没有气味，也没有毒性，且化学稳定性好，应用比较广泛，工业上用来制造农用塑料薄膜、食品包装袋等，是目前塑料中产量最大的一个品种。

聚氯乙烯简称 PVC，对光和热的稳定性都很差，经长时间阳光曝晒或者温度达到 100℃以上时，就会分解而产生氯化氢，而过多的氯化氢对人体有毒害。

（五）二烯烃

1. 二烯烃的分类

二烯烃的通式与炔烃的相同，也是 C_nH_{2n-2}，二者互为同分异构体。根据二烯烃的双键位置不同，将二烯烃分为累积二烯烃、共轭二烯烃和孤立二烯烃。

（1）累积二烯烃

若二烯烃分子结构中含有 $\diagup\!\!C=C=C\!\!\diagdown$ 结构时，称为累积二烯烃。例如，丙二烯（$CH_2=C=CH_2$），两个双键积累在同一个碳原子上。

（2）共轭二烯烃

若二烯烃分子结构中含有 $\diagup\!\!C=CH-CH=C\!\!\diagdown$ 结构时，也就是两个双键被一个单键分开，称为共轭二烯烃。例如，1,3-丁二烯（$CH_2{=\!=}CH{-\!\!-}CH{=\!=}CH_2$），这样的体系叫共轭体系。1,3-丁二烯的两个双键叫作共轭双键。

（3）孤立（隔离）二烯烃

若二烯烃分子结构中含有 $\diagup\!\!C=CH-(CH_2)_n-CH=C\!\!\diagdown$（$n\geqslant1$），也就是两个双键被两个或两个以上的单键分开时称为孤立（隔离）二烯烃。例如：1,4-戊二烯（$CH_2{=\!=}CH{-\!\!-}CH_2{-\!\!-}CH{=\!=}CH_2$）。

累积二烯烃的数量相对较少，也很少在工农业生产中应用。共轭二烯烃在理论和实际应用中都比较常见，因此比较重要。孤立二烯烃的性质和单烯烃基本相似。

2. 二烯烃的命名

二烯烃的命名与烯烃相似，主链含有两个双键，母体称为"某二烯"。其余步骤与烯烃一致。

例如：

$H_2C{=\!=}C(CH_3)CH{=\!=}CH_2$

2-甲基-1,3-丁二烯

3. 二烯烃的性质

二烯烃的化学性质与烯烃相似，也可以发生加成反应。共轭二烯烃在发生加成反应时有两种产物。一种是在同一个双键上发生加成，一种是在共轭体系两端的碳原子上加成。例如：1,3-丁二烯与 Br_2 的加成。

$$H_2C = CH - CH = CH_2 \xrightarrow{Br_2} CH_2BrCHBrCH = CH_2 + CH_2BrCH = CH - CH_2Br$$
$$\qquad\qquad\qquad\qquad\qquad\qquad 25\% \qquad\qquad\qquad 75\%$$

二、炔烃

（一）炔烃的结构

炔烃分子结构里都含有碳碳三键，除乙炔（$CH \equiv CH$）外，还有丙炔（$CH_3 - C \equiv CH$）、丁炔（$CH \equiv C - CH_2 - CH_3$）等。炔烃的结构通式为 C_nH_{2n-2}。碳碳三键是炔烃的官能团，它由 1 个 σ 键和 2 个 π 键组成，故炔烃和烯烃的化学性质相似，也可以发生取代反应、氧化反应、加成反应和聚合反应等。

（二）炔烃的异构现象及命名

炔烃的异构与烯烃相似，也存在碳链异构和官能团的位置异构，不同的是三键所连的两个碳原子均在一条直线上，所以炔烃没有顺反异构体。

例如：戊炔（C_5H_8）只有三种同分异构体：1-戊炔、2-戊炔、3-甲基-1-戊炔。

炔烃的系统命名法和烷烃、烯烃相似，只需将"烯"字改为"炔"字即可。例如：

$CH_3 - CH_2 - C \equiv CH$	1-丁炔
$CH_3 - C \equiv C - CH_2 - CH_3$	2-戊炔
$(CH_3)_2CHC \equiv CH$	3-甲基-1-丁炔
$(CH_3)_3CC \equiv CCH_2C(CH_3)_3$	2,2,6,6-四甲基-3-庚炔

（三）炔烃的性质

1. 物理性质

最简单的炔烃是乙炔。室温条件下乙炔是一种无色、但有大蒜气味的易燃气体。乙炔不溶于水，而溶于有机溶剂。烷烃、烯烃和炔烃的物理性质都相似，都随着分子中碳原子数的增加而呈现出规律性的变化。室温条件下，从乙炔到丁炔都是气态，从戊炔到十七炔都是液态，十八炔以上是固态，熔点、沸点均随碳原子数目增加而增大，通常比相同碳原子数的烷烃、烯烃略高。相同碳原子数的烃类有机化合物的相对密度，炔烃大于烯烃，烯烃大于烷烃。炔烃难溶于水，极易溶于极性较小的有机溶剂，如乙醚、苯、四氯化碳等。

2.化学性质

（1）氧化反应

① 燃烧反应。乙炔在氧气中燃烧时，会产生大量浓烟，同时放出大量的热。乙炔燃烧时的火焰温度达到 3000℃ 左右，可以将金属熔化，因而用来焊接和切割金属，它的火焰被称为氧炔焰。空气中混有乙炔时，遇到明火易发生爆炸。由于乙炔存放在丙酮中非常稳定，因而储存和运输乙炔时，应该将乙炔溶解在丙酮中进行存放。

$$2CH\equiv CH + 5O_2 \xrightarrow{\text{点燃}} 4CO_2 + 2H_2O$$

② 与高锰酸钾的反应。炔烃和烯烃分子中都有不饱和键，所以炔烃的性质和烯烃相似，也能如烯烃那样被酸性高锰酸钾氧化，使酸性高锰酸钾溶液的紫色褪去，生成黑色沉淀和气体。

$$3C_2H_2 + 10KMnO_4 + 2H_2O \longrightarrow 6CO_2 + 10KOH + 10MnO_2\downarrow$$

（2）加成反应

炔烃和烯烃一样都可以在特定条件下和氢气、卤化氢、卤素单质等发生加成反应。

① 与 H_2 的加成反应。

例如：乙炔在 Ni 或者 Pb 等催化剂的条件下，与氢气发生加成反应。

$$CH\equiv CH + H_2 \xrightarrow{\text{Ni/Pd}} CH_2=CH_2$$

② 与卤化氢的加成反应。

例如：乙炔在 150℃-160℃ 时，在 $HgCl_2$ 做催化剂的条件下，与 HCl 发生加成反应。

$$CH\equiv CH + HCl \xrightarrow{HgCl_2,150\sim160℃} CH_2=CHCl$$

$$CH\equiv CH + Br_2 \longrightarrow HCBr=CHBr$$

$$HCBr=CHBr + Br_2 \longrightarrow HCBr_2-CHBr_2$$

③ 与卤素的加成反应。

例如：将乙炔通入溴水溶液或 Br_2 的 CCl_4 溶液中，可使溴水或 Br_2 的 CCl_4 溶液褪色。

$$CH\equiv CH + Br_2 \longrightarrow HCBr=CBrH$$
$$\text{1,2-二溴乙烯}$$

$$HCBr=CBrH + Br_2 \longrightarrow HCBr_2-CHBr_2$$
$$\text{1,1,2,2-四溴乙烷}$$

（3）与某些金属盐发生取代反应

将乙炔通入银氨溶液中，会生成白色乙炔银沉淀；通入硝酸银溶液中，立即生成白色乙炔银（AgC≡CAg）沉淀，此方法可用来鉴定乙炔的存在。乙炔银干燥时，受到撞击或者受热时容易发生爆炸。所以反应完以后要用盐酸或硝酸进行处理，使乙炔银分解，避免发生危险。

$$CH≡CH + 2[Ag(NH_3)_2]NO_3 \longrightarrow CAg≡CAg↓ + 2NH_4NO_3 + 2NH_3↑$$
$$乙炔银$$

需要注意的是：不是所有的炔烃都会发生该反应，只有炔烃分子中三键上含有氢原子时才会发生，所以该方法只能用来鉴定含有 RH≡CH 结构的炔烃，也可以用该方法来区别乙炔和乙烯。

（4）聚合反应

在特定条件下，炔烃也能和烯烃一样发生自身聚合反应，生成大分子化合物。

例如：在一定条件下，乙炔能聚合成苯分子。

$$3CH≡CH \xrightarrow{催化剂，500～600℃} C_6H_6$$
$$苯$$

二烯烃与炔烃的通式相同，都是 C_nH_{2n-2}，因此相同碳原子数目的炔烃和二烯烃互为同分异构体。这种异构体属于官能团不同造成的异构现象。

第四节　环烷烃和芳香烃

有机化合物分子中具有碳环结构的烷烃称为环烷烃，性质与链状脂肪烃相似；分子中含有类似苯环结构的烃是芳香烃，此类烃多数有特殊的气味。

一、环烷烃

（一）环烷烃的分类

环烷烃分子中含有 3 个碳原子时称为环丙烷，含有 4 个碳原子时称为环丁烷，含有 5 个碳原子时称为环戊烷，含有 6 个碳原子时称为环己烷。目前发现的最大环有三十碳环。根据环烷烃分子中碳环的数目可将环烷烃分为单环、二环或多环烷烃。

（二）环烷烃的异构现象

单环烷烃的通式和烯烃的通式相同，都是 C_nH_{2n}（$n \geqslant 3$），因此同碳原子数的单环烷烃和烯烃互为同分异构体。

例如：分子式为 C_4H_8 的异构体有以下几种。

环丁烷	甲基环丙烷	1-丁烯	2-甲基丙烯

值得提醒的是当环上的取代基多于或等于 2 个，且连在不同的碳原子上时，就有可能产生顺反异构体。

例如：1,2-二甲基环丙烷存在顺反异构体，两个甲基在环同一侧的为顺式异构体，两个甲基分别在环两侧的为反式异构体。

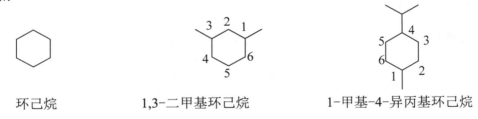

顺-1,2 二甲基环丙烷	反-1,2-二甲基环丙烷

（三）环烷烃的命名

对于单环烷烃，未取代的单环烷烃的命名与烷烃相似，只需要在烷烃名称前加上"环"字；对于环上有取代基的单环烷烃，需要对环上的碳原子进行编号。编号的原则是：从取代基开始编号，但要注意小的取代基在前，大的取代基在后。

例如：

环己烷	1,3-二甲基环己烷	1-甲基-4-异丙基环己烷

（四）环烷烃的性质

1. 物理性质

在常温条件下，环丙烷和环丁烷是气态；从环戊烷到环十一烷是液态；环十二烷以上为固态。环烷烃的熔点、沸点也是随其分子中碳原子数的增加而增大。相同碳数的环烷烃熔点和沸点都比开链烷烃的高一些。环烷烃都不溶于水，易溶于有机溶剂。

2. 化学性质

环烷烃与烷烃都是饱和烃，二者的分子中原子都是以单键相连。所以化学性质相似，可以发生氧化反应和取代反应。例如：环己烷在光照或 300℃条件下，环上的氢原子可以被卤素原子取代生成卤代环烷烃。

在常温下，环烷烃遇到一般的氧化剂时不发生氧化反应，而在强氧化剂、加热条件下会发生反应，使环断裂，生成二元羧酸。

二、芳香烃

芳香烃最早是从植物的树脂中得到的，有很多具有特殊的香味，因此称这类物质为芳香族化合物。现在我们所说的芳香族化合物是指分子中具有苯环结构的化合物。芳香烃的通式为 C_nH_{2n-6} ($n \geq 6$)。苯是最简单的芳香烃，其化学式是 C_6H_6，它是芳香烃的代表。

（一）芳香烃的分类

1865 年凯库勒首先提出苯分子的结构式，我们把以下结构式称为凯库勒式。

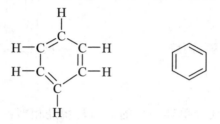

结构式　　　　　　　结构简式

根据它们的结构中含有的环状结构的数目可分为以下三类：

1. 单环芳烃

芳香烃分子中只含一个苯环的芳烃。如苯、甲苯等。

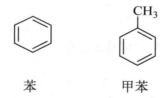

苯　　　　　甲苯

2. 稠环芳烃

芳香烃分子中含有两个或两个以上的苯环分别共用两个相邻的碳原子而成的芳烃。如萘、蒽等。

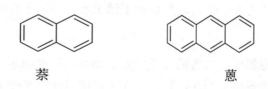

萘　　　　　　　　蒽

3. 多环芳烃

芳香烃分子中含有两个或两上以上苯环的芳烃，如联苯等。

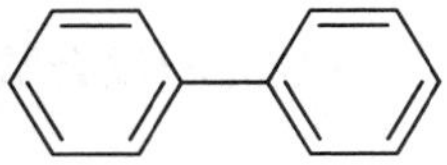

联苯

（二）芳香烃的命名

对于芳香烃的命名，均以苯环上的取代基为例。当苯环上有一个取代基时在芳香烃名称前加上取代基名称即可。

当苯环上有两个取代烷基时，可以把两个取代基的相对位置以邻、间、对加以表示，也可以把带有一个取代基的位置定为 1，其他取代基的位置取最小数字表示。例如：二甲苯有三种同分异构体，命名如下：

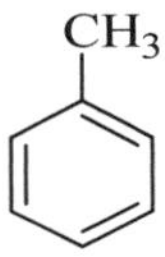

甲苯 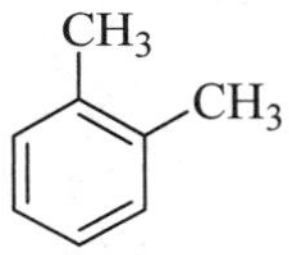　　　　　　邻二甲苯　　　　　　间二甲苯　　　　　　对二甲苯

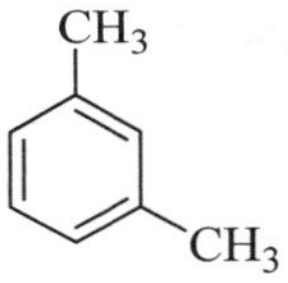

　　　　　　（或 1,2-二甲苯）　　（或 1,3-二甲苯）　　（或 1,4-二甲苯）

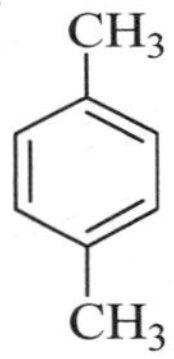

当苯环上的氢原子被不饱和烃基或者构造更复杂的基团取代时，可将苯环作为取代基来命名。例如：

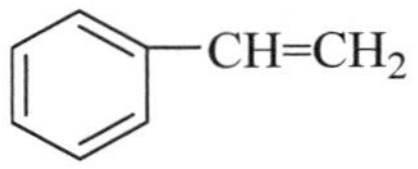

苯乙烯 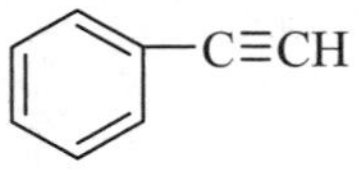　　　　　　　苯乙炔 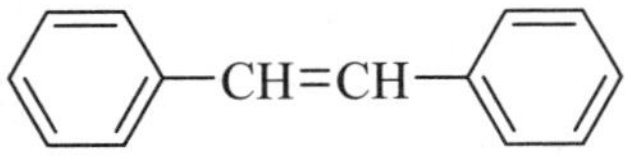　　　　　　　　1,2-二苯乙烯

（三）苯的化学性质

苯分子中的六个碳碳键完全相同，既不是碳碳单键也不是碳碳双键，而是介于碳碳单键和碳碳双键之间，这种特殊的碳碳键称为芳香键。苯环分子中的六个碳原子之间形成六个 σ 键和六个碳原子共用的 1 个环状大 π 键，其稳定性较高。易发生环上的氢原子的取代反应，不易发生加成反应和氧化反应。在一般情况下不与酸性 $KMnO_4$ 溶液反应，所以苯及其同系物不易氧化，也不易发生加成反应。

1. 取代反应

苯分子中的氢原子易被卤素原子、硝基、磺酸基等基团所取代。

1）与浓硝酸的反应

在一定条件下，苯与浓 HNO_3 和浓 H_2SO_4 的混合酸发生取代反应。

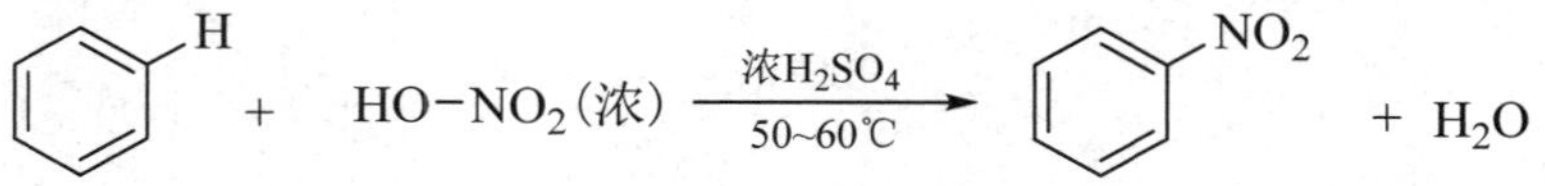

当苯分子中的氢原子被 $-NO_2$ 取代时，该反应叫作硝化反应。生成的硝基苯是一种淡黄色的油状液体，具有苦杏仁味，密度比水大，难溶于水，易溶于乙醇和乙醚。硝基苯是有毒的，若人吸入硝基苯或使其与皮肤接触，可引起中毒。

甲苯上的氢原子更易发生硝化反应。

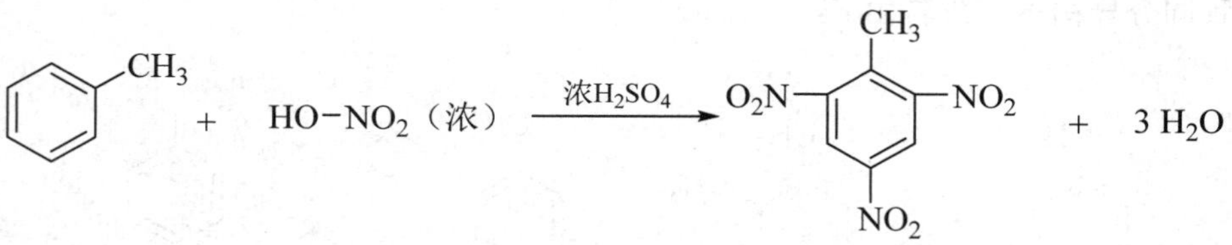

2,4,6-三硝基甲苯

2，4，6-三硝基甲苯俗称"梯恩梯"（TNT），它是一种烈性的无烟炸药。

2）与浓硫酸的反应

当苯分子中的氢原子被 $-SO_3H$ 取代时，该反应叫作磺化反应，$-SO_3H$ 称为磺酸基。

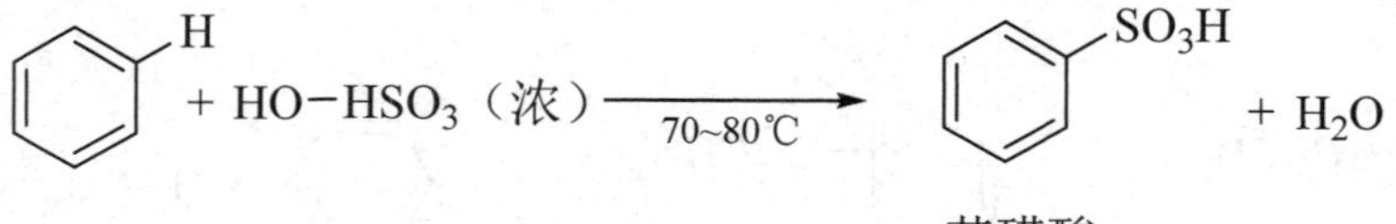

苯磺酸

3）与卤素单质的反应

当 Fe 或 $FeCl_3$（$FeBr_3$）作催化剂时，苯与氯（Cl_2）或溴（Br_2）可以发生卤代反应，当苯分子中的氢原子被卤原子（$-X$）取代时，该反应叫作卤代反应，$-X$ 为卤原子。

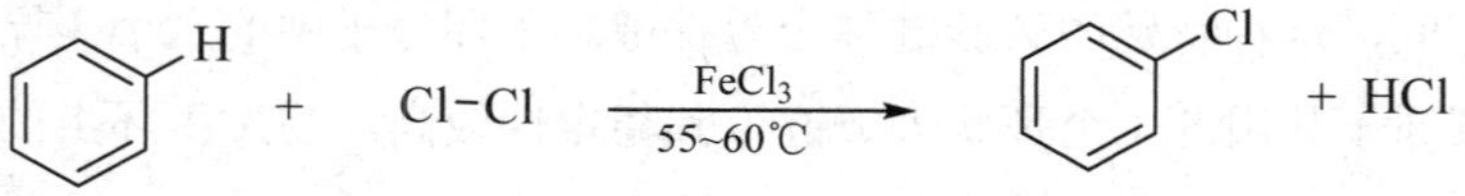

2. 氧化反应

1）与高锰酸钾的反应

苯与高锰酸钾不发生氧化反应，但芳香烃的环上有取代基且与苯环相连的碳原子上有氢原子的烷基苯在重铬酸钾、高锰酸钾等强氧化剂作用下，均被氧化成苯甲酸。

苯甲酸无色，微溶于水，易溶于有机溶剂，如乙醇、苯等。将苯甲酸加热到 370℃时其分解为苯和二氧化碳。

2）燃烧反应

苯在空气中燃烧生成二氧化碳和水，并发生明亮和带有浓烟的火焰。

$$2\,C_6H_6 + 11O_2 \xrightarrow{\text{点燃}} 8CO_2 + 4C + 6H_2O$$

3. 加成反应

苯分子结构中虽然不具备双键的特点，但在特定条件下，可与氢气、氯气发生加成反应。

例如：苯在 Ni 做催化剂、180～250℃的条件下，会与 H_2 发生加成反应生成环己烷。

环己烷

苯在光照条件下，可与氯气发生加成反应，生成六氯环己烷（$C_6H_6Cl_6$），即"六六六"粉，是一种典型的农药。但六氯环己烷的化学性质很稳定，残存在植物表面，不易去除，会造成污染，且其毒性很大，目前已被我国禁止使用。

三、芳香烃的用途

煤和石油是制备一些简单芳香烃如苯、甲苯等的原料。苯的产量和生产技术水平标志一个国家石油化工发展水平。简单芳香烃可以用于制备高级芳香族化合物，煤在无氧条件下加热至 1000℃，产生煤焦油。煤焦油中含有苯、甲苯、二甲苯、萘以及其他芳香族化合物。苯是一种很好的有机溶剂，例如可以用于黏合剂、油性涂料、油墨等的溶剂，也被广泛用于生产合成纤维、橡胶、医药、塑料、炸药和染料等。苯及其同系物对人体有毒害作用，短时间内吸入大量苯蒸气可引起急性中毒而导致中枢神经系统麻醉，严重时会导致呼吸心跳停止，长期吸入其蒸气能损坏神经系统和造血器官，所以储存和使用的场所应注意加强通风，操作人员在取用时也要注意采取保护措施，避免苯中毒。稠环芳香烃如萘俗称卫生球，过去用来驱蚊防霉，然而人若长期接触或吸入稠环芳烃则会致癌。稠环芳烃都有强烈的致癌作用，如苯并芘等。香烟、树叶、秸秆等物质不完全燃烧时产生的烟雾中含有较多量的稠环芳烃，我国一些城市已经禁止焚烧树叶和秸秆，同时提醒青少年远离香烟，珍爱生命。

习　题

1. 填空题

（1）分子中仅含有_____和_____两种元素的有机化合物叫作碳氢化合物。

（2）直链烷烃的通式为_____，环丁烷的分子式为_____，甲基的结构简式为_____，丙基的结构简式为_____。

（3）炔烃的分子结构特点是_____，乙炔的分子式是_____，炔烃的通式为_____。

（4）TNT 炸药的主要成分是 _____。

（5）苯_____使酸性高锰酸钾溶液褪色，苯的同系物_____使酸性高锰酸钾溶液褪色。

2. 名词解释

（1）有机化合物　　　（2）脂肪族化合物　　　（3）芳香族化合物

（4）烃　　　　　　　（5）同分异构现象　　　（6）同系物

（7）加成反应　　　　（8）马氏规则　　　　　（9）聚合反应

（10）取代反应　　　（11）顺反异构体　　　　（12）共轭二烯烃

3. 单项选择题

（1）下列物质中，不属于烃的是（　　　）。

A. 乙苯　　　　　B. 乙炔　　　　　C. 甲醇　　　　　D. 3-甲基戊烷

（2）在下列物质中，属于无机物的是（　　　）。

A. C_2H_6　　　　B. H_2CO_3　　　　C. C_3H_8　　　　D. C_2H_5OH

（3）天然气的主要成分是（　　　）。

A. 甲烷　　　　　B. 丁烷　　　　　C. 乙炔　　　　　D. 乙烯

（4）烃是（　　　）的有机化合物。

A. 含有碳元素　　　　　　　　B. 含有碳、氢等元素

C. 燃烧生成 CO_2 和 H_2O　　　D. 仅由碳、氢元素组成

（5）下列物质中，可用做果实催熟剂的是（　　　）。

A. C_2H_6　　　B. C_6H_6　　　C. C_2H_2　　　D. C_2H_4

（6）下列物质中能发生加成反应的是（　　　）。

A. 乙炔　　　B. 乙烷　　　C. 环丙烷　　　D. 环丁烷

（7）有机化合物 $CH_3—CH_3—CH—CH—CH_3$ 的名称是（　　　）。

$$\underset{\quad CH_3 \quad CH_3}{\overset{\qquad |\qquad\quad |}{}}$$

A. 2-甲基己烷　　　　　　　　　　B. 2,3-二甲基戊烷

C. 4,5-二甲基戊烷　　　　　　　　D. 1,2-二甲基己烷

（8）下列烃分子中，一定能使高锰酸钾酸性溶液和溴水褪色的是（　　　）。

A. C_2H_6　　　B. C_3H_6　　　　　C. C_4H_8　　　　　D. C_6H_5—CH_3

（9）乙烯与氢气在催化剂作用下生成乙烷的反应属于（　　　）反应

A. 取代　　　B. 加成　　　　　C. 氧化　　　　　D. 聚合

（10）下列有机化合物分子中，与苯互为同系物的是（　　　）。

A. C_5H_{10}　　　B. C_6H_{14}　　　　　C. C_8H_{10}　　　　　D. C_7H_{12}

4. 写出下列烷烃结构简式：

（1）2-甲基戊烷　　　　　　　　　（2）2,2-二甲基戊烷

（3）2,5-二甲基己烷　　　　　　　（4）2-甲基-3-乙基己烷

（5）2-丁烯　　　　　　　　　　　（6）1,2-二氯乙烷

（7）3-甲基-2-戊烯　　　　　　　（8）2-甲基-3-庚炔

（9）甲基环丙烷　　　　　　　　　（10）间二甲苯

5. 用系统命名法命名下列化合物：

（1）$(CH_3)_2C$=CH_2　　　　　　　（2）　$CH_3CH_2CHCH_3CH_2CH_3$

（3）CH_3—CH=CH—CH_3　　　　（4）$(CH_3)_2CHCH$=$CHCH_3$

（5）　H_3C—C≡C—$\underset{\underset{\displaystyle CH_3}{|}}{CH}$—$CH_3$　　　　　（6）　

6. 写出下列化合物的同分异构体，并用系统命名法命名。

（1）C_5H_{12}　　　（2）C_6H_{12}　　　（3）C_6H_{10}　　　（4）C_8H_{10}（芳香烃）

7. 用化学方法鉴别下列各组有机化合物。

（1）乙烷和乙烯　　　　　　（2）乙烯和乙炔

（3）苯和甲苯

第九章　烃的衍生物

【知识目标】

1. 认识各种烃的衍生物的结构特点、分类及其命名。
2. 理解各类烃的衍生物的主要化学性质。
3. 熟悉重要的烃的衍生物的性质及其在农业生产中的应用。

【技能目标】

1. 学会分辨各种烃的衍生物的官能团，并且能够准确判断其属于哪种烃的衍生物。
2. 学会利用各种烃的衍生物的重要性质进行鉴别。

烃的衍生物有很多种，醇、酚、醚、醛、酮、羧酸及胺都是烃的衍生物。醇和酚都含有羟基，不同的是醇是羟基与脂肪烃基相连的；酚是羟基与芳香环直接相连的。醚可看作醇和酚的羟基氢原子被烃基取代后的产物。醛、酮的官能团是羰基。羰基是一个双键和氧相连的原子团，羧酸的官能团是羧基。胺是烃或者芳香环的氢原子被氨基取代的产物。烃的衍生物在医药生产和农业生产中具有很重要的作用，也是从分子水平上理解研究其应用的理论依据。

第一节　醇

一、醇的结构、命名及分类

（一）醇的结构

醇是指烃分子中的氢原子被羟基（—OH）取代后的生成物（R—OH）。一元醇的通式为 $C_nH_{2n+1}OH$。

CH₃OH　　　　　　CH₃CH₂OH　　　　　　CH₃CH(OH)CH₂CH₃
甲醇　　　　　　　　乙醇　　　　　　　　　2-丁醇

$$CH_3OH \qquad CH_3CH_2OH \qquad CH_3CH(OH)CH_2CH_3$$

甲醇　　　　　　　乙醇　　　　　　　2-丁醇

（二）醇的分类

醇的分类方法有多种，主要有以下三种。

（1）根据醇分子中羟基所连碳原子的种类不同，可将醇分为一级醇（伯醇）、二级醇（仲醇）和三级醇（叔醇）。

（2）根据醇分子中羟基所连的烃基的种类不同，可将醇分为脂肪醇、脂环醇和芳香醇。

（3）根据分子中的羟基数目的不同，可将醇分为一元醇、二元醇和多元醇。

（三）醇的命名

醇的命名有以下三种方法。

（1）俗名法

许多醇类有机化合物都有俗名。

例如：甲醇俗称木醇或木酒精，乙醇俗称酒精，丙三醇称为甘油，己六醇俗称甘露醇。

（2）普通命名法

只需在醇的前面加上烃基的名称。

例如：

$$(CH_3)_2CHCH_2OH \qquad (CH_3)_3COH$$
$$丁醇 \qquad\qquad 叔丁醇$$

（3）系统命名法

醇类化合物的系统命名法与烃的命名类似，先选择含有羟基的最长碳链为主链，从离羟基最近端开始编号，根据主链碳原子数命名为"某醇"，必须注明羟基的位置。如分子中同时含有不饱和键，也要注明不饱和键的位置。

$$(CH_3)_2CHCH_2CH_2CHOHCH_2CH_3$$
$$6-甲基-3-庚醇$$

多元醇命名则要选取含有尽可能多的羟基的碳链作主链，并且注明羟基的位置及个数，羟基的数目写在醇字的前面，用二、三、四等来表示。

$$CH_3CHOHCH_2CHOHCHCH_3CH_2CH_3$$
$$5-甲基-2,4-庚二醇$$

二、醇的性质

常温下，醇的碳原子个数为 4~11 的饱和一元醇是无色油状液体，12 个碳原子以上的则是无味的蜡状固体，有明显的酒精味或者不愉快的气味。

醇分子中的羟基氧原子的电负性比较大，导致醇分子是极性分子，醇分子之间可通过氢键缔合，因此直链饱和一元醇的沸点随相对分子质量的增加而增大，且与分子量相近的烃近似。

1. 物理性质

（1）甲醇、乙醇和丙醇都能与水以任意比例互溶，从丁醇开始，溶解度明显下降。多元醇的溶解度一般都比一元醇大。

（2）一元醇的密度都比 1 小，多元醇的密度都大于 1。

（3）醇类的折光率基本相似。

2. 化学性质

醇的化学性质主要由醇的官能团羟基决定，同时 C—O、O—H 键都比较活泼，所以醇的化学反应大多都发生在这两个部位上。

1）与活泼金属的反应

醇能与活泼金属钠、钾等发生反应，并生成氢气。

$$2C_2H_5\text{—}OH + 2Na \longrightarrow 2C_2H_5\text{—}ONa + H_2 \uparrow$$
乙醇钠

金属 Na 与醇的反应较之与水的反应要缓慢得多，产生的热量也不足以使氢气自燃，所以可以利用乙醇与金属 Na 的反应销毁残余的金属钠。生成物醇钠易水解生成相应的醇和氢氧化钠。醇与金属钠的反应活性：甲醇＞伯醇（乙醇）＞仲醇＞叔醇。

2）与氢卤酸反应

醇与氢卤酸反应生成卤代烃和水。反应速度与氢卤酸的种类和醇的结构相关。HX 的反应活性： HI＞HBr＞HCl。

$$R\text{—}OH + HX \longrightarrow R\text{—}X + H_2O$$

醇的活性次序：叔醇＞仲醇＞伯醇＞甲醇。

可利用醇与卢卡斯（Lucas）试剂的反应鉴别低级伯、仲、叔醇。浓盐酸与无水氯化锌配成的溶液称为卢卡斯试剂。

3）成酯反应

（1）与无机酸反应。醇与酸脱水生成酯的反应称为酯化反应，酯化反应均是可逆反应。醇与含氧无机酸硫酸、硝酸、磷酸反应生成无机酸酯。

$$CH_3CH_2OH + HOSO_2OH \longrightarrow CH_3CH_2OSO_2OH + H_2O \longrightarrow (CH_3CH_2O)_2SO_2 + H_2SO_4$$
硫酸氢乙酯 硫酸二乙酯

（2）与有机酸反应。醇与有机羧酸反应生成有机酸酯，简称羧酸酯。

$$CH_3COOH + CH_3CH_2OH \xrightarrow{\text{浓硫酸、}\triangle} CH_3COOCH_2CH_3 + H_2O$$
乙酸乙酯

4）脱水反应

高中阶段我们学习过乙醇与浓硫酸可以发生两种脱水反应。一种是分子内脱水，生成烯烃；另一种是分子间脱水，生成醚类。

$$CH_3CH_2OH \xrightarrow{H_2SO_4,170℃} CH_2{=}CH_2 + H_2O$$

$$CH_3CH_2OH \xrightarrow{H_2SO_4,140℃} CH_3CH_2OCH_2CH_3 + H_2O$$

通常情况下，醇脱水反应在温度较高时发生分子内脱水，较低温度时发生分子间脱水。

5）氧化和脱氢

（1）氧化。含有 α-H 原子的醇，由于受羟基的影响易被氧化，伯醇被氧化为羧酸，仲醇被氧化成酮，叔醇一般很难被氧化。

$$CH_3CH_2OH \xrightarrow{K_2Cr_2O_7 \text{ 和 } H_2SO_4} CH_3COOH$$
$$乙酸$$

$$CH_3CHOHCH_3 \xrightarrow{K_2Cr_2O_7 \text{ 和 } H_2SO_4} CH_3COCH_3$$
$$丙酮$$

（2）脱氢。伯、仲醇在高温条件下及催化剂存在时发生脱氢反应生成醛和酮。有机反应中，在分子中加氧或脱氢称为氧化反应，加氢或去氧称为还原反应。

$$CH_3CH_2OH \xrightarrow{Cu、325℃} CH_3CHO + H_2$$

6）多元醇的反应

丙三醇俗称甘油，是无色、有甜味的黏稠液体，沸点 290℃。甘油有弱酸性，能与新制的氢氧化铜发生反应，生成蓝色的甘油铜。此方法可以用于邻二醇结构化合物的鉴别。

三、重要的醇类化合物

1. 甲醇

甲醇最早由木材干馏得到，因此俗称木醇。甲醇是无色液体，沸点 65℃，有毒，口服或者吸入其蒸气都会引起中毒，轻则导致失明，重则导致死亡。工业酒精中含有少量甲醇，所以不能饮用。

2. 乙醇

乙醇为无色、有香味的液体，沸点79℃，俗称酒精。乙醇的应用较广，是重要的化工原料。医药上常用70%～75%的乙醇杀菌消毒。工业上主要用发酵法制取乙醇。

3. 丙三醇

丙三醇俗称甘油，为无色具有甜味的黏稠液体，沸点290℃。甘油是油脂的组成成分，与水能以任意比例互溶，有很强的吸湿性，对皮肤有润滑作用，因此甘油可用于制药和制护肤品，例如儿童便秘时，可使用适量的开塞露缓解，而开塞露的主要成分是甘油。

4. 苯甲醇

苯甲醇有芳香气味，为无色液体，俗称苄醇，微溶于水。苯甲醇有麻醉作用和防腐作用，医药上用苯甲醇配制注射剂来减轻疼痛，10%的苯甲醇可以止痒。

第二节 酚

一、酚的结构、分类和命名

酚是羟基直接与芳环相连的化合物，即芳环上的氢原子被羟基取代的化合物。根据其分子中芳环的不同，将酚分为苯酚、萘酚和蒽酚等，根据其分子中芳环上的羟基数目分为一元酚、二元酚、多元酚等。酚的命名一般是在芳环的名称后加上酚字，但要注明取代基的位置、数目和名称。

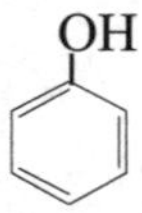

苯酚	3-甲基苯酚 （间甲苯酚）	2-氯苯酚 （邻氯苯酚）	1,4-苯二酚 （对苯二酚）

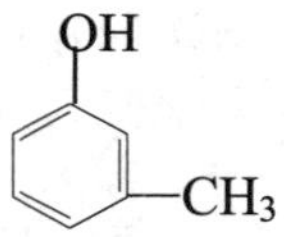

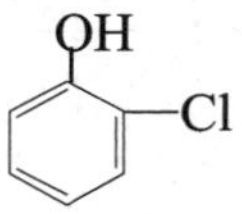

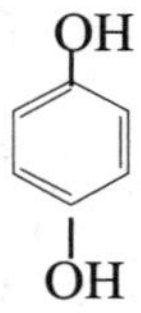

二、酚的性质

1. 物理性质

常温下，酚多数为固体，少数烷基酚为液体。由于分子间可以形成氢键，所以酚类沸点都比较高，一般微溶于水。纯净的酚是无色的，但由于易被氧化往往带有红色至褐色。酚毒性很大，消毒用的"来苏水"是甲酚（甲基苯酚各异构物的混合物）与肥皂溶液的混合液。

2．化学性质

酚类和醇类化合物的官能团都是羟基，因此酚与醇具有共性，但因酚羟基连在苯环上，所以酚与醇在性质上也有差别。

1）酸性

苯酚呈弱酸性，因此具有酸的通性。苯酚的酸性比碳酸弱。酚可溶于 NaOH 但不溶于 $NaHCO_3$。酚的这种性质常被用来回收和处理含酚污水。在苯酚钠的水溶液中通入 CO_2，苯酚就会游离出来。

2）与 $FeCl_3$ 的显色反应

多数酚能与 $FeCl_3$ 溶液发生显色反应生成不同颜色的化合物，故此反应可用来鉴定酚。例如：

$$6ArOH + FeCl_3 \longrightarrow [Fe(OAr)_6]^{3-} + 6H^+ + 3Cl^-$$
棕红色

3）苯环上的取代反应

苯酚与溴水在常温下可立即反应生成 2,4,6 三溴苯酚白色沉淀。此反应很灵敏，因此此反应可用做苯酚的鉴别和定量测定。

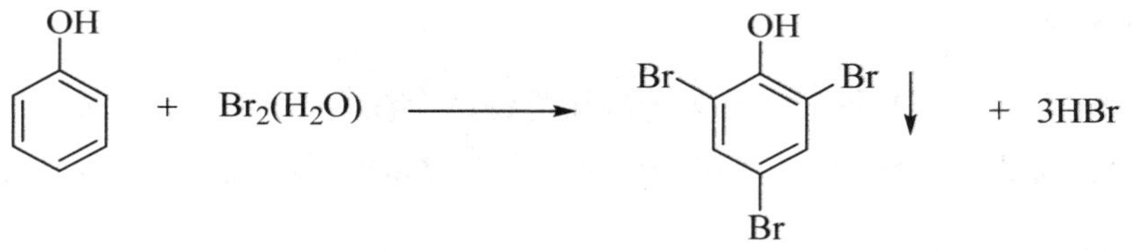

2,4,6 三溴苯酚

4）氧化反应

酚易被氧化，因此酚露置在空气中会被氧化成粉红色，逐渐变成红色，最后变成深褐色。蔬菜水果去皮后长时间放置后会变褐色就是因为酚类化合物被氧化造成的。

三、重要的酚类化合物

1．苯酚

苯酚俗称石炭酸。有毒，因此可用做防腐剂和消毒剂，皮肤接触苯酚会使局部蛋白质变性。医疗上用苯酚的水溶液对医疗器械进行消毒。

2．甲酚

甲酚俗名煤粉，难溶于水，易溶于肥皂液，杀菌能力比苯酚强。因此医疗上的"来苏水"就是 47%～53%的甲酚的肥皂水溶液。

3. 对苯二酚

对苯二酚本身是很好的还原剂，可把感光后的溴化银还原为金属银，是照相底片的显影剂。可作抗氧化剂，如苯甲醛易氧化，它可与氧生成过氧酸。

4. 邻苯二酚

邻苯二酚俗名儿茶酚，有毒，对中枢神经、呼吸系统有刺激作用。它的衍生物肾上腺素临床上用于升高血压的药物。另一衍生物去甲肾上腺素用于治疗胃出血。

第三节　醚

一、醚的结构、分类和命名

（一）醚的结构

醚可以看作醇或者酚的羟基氢原子被烷基、烯基或芳基取代后的化合物。C—O—C 叫醚键，是醚的官能团。

（二）醚的分类

醚分子中的两个烃基相同时，称为"单醚"；两个烃基不同，则称"混醚"；两个烃基是饱和烃基的称为饱和醚，是不饱和烃基的称为不饱和醚；若烃基是环状，则称"环醚"。

（三）醚的命名

简单的醚一般用习惯命名法命名，在烃基前面加上"醚"字即可。单醚在命名时，称"二某醚""二"字也可以省略。

例如：　　　　CH_3OCH_3　　　　$CH_3CH_2OCH_2CH_3$　　　　$CH_3OCH_2CH_3$

　　　　　　　　甲醚　　　　　　　　乙醚　　　　　　　　甲乙醚

二、醚的性质

（一）物理性质

在常温下，甲醚和甲乙醚是气体，大多数醚为无色、有香味、易挥发、易燃烧的液体。醚分子可与水分子形成氢键，所以醚在水中的溶解度与相应的醇相近。一些醚的物理常数见表 9-1。

表 9-1　醚的物理常数

名称	熔点/℃	沸点/℃	密度/（g/cm³）
苯甲醚	−37.5	155	0.994
甲醚	138.5	−25	0.661
正丁醚	95.3	142	0.769
二苯醚	26.8	258	1.074
乙醚	−116	34.5	0.714

（二）醚的化学性质

醚分子不活泼，对碱、氧化剂、还原剂都十分稳定。但其稳定性是相对的，由于醚键（C–O–C）的存在，它又可以发生一些特殊的反应。

在高温下，强酸能使醚链断裂，如浓的氢卤酸。

$$CH_3CHCH_3CH_2OCH_2CH_3 + HI \xrightarrow{\triangle} CH_3CHCH_3CH_2OH + CH_3CH_2I$$

另外，含有 α–H 的醚与空气接触，会慢慢被氧化生成不易挥发的过氧化物。

$$RCH_2OCH_2R \xrightarrow{\mid O \mid} \underset{O-O-H}{RCHOCH_2R} \text{（过氧化物）}$$

生成的过氧化物不稳定，受热时易分解而发生爆炸，因此，醚类应避光保存，避免长期暴露在空气中。使用前应该检验是否有过氧化物存在。检验方法：硫酸亚铁和硫氰化钾混合液与醚振摇，有过氧化物则显红色。加入少量硫酸亚铁等还原剂可除去过氧化物。

（三）重要的醚类化合物

乙醚是最常见的醚，常温下是无色液体，沸点 35℃，易挥发，遇火发生爆炸，因此应该远离火源保存。乙醚有麻醉作用，在对牲畜做外科手术时用做麻醉剂。

第四节　醛、酮

（一）醛、酮的结构

醛、酮的官能团是羰基，羰基是用一个双键和氧相连的原子团（C＝O）。烃基与—CHO 相连为醛，两个烃基与 ＞C＝O 相连为酮。

（二）醛、酮的分类

根据分子中所含的羰基数目将醛分为一元醛、二元醛和多元醛，酮分为一元酮、二元酮和多元酮。根据分子中烃基的不同，醛分为脂肪醛和芳香醛，酮分为脂肪酮和芳香酮。根据分子中的烃基是否饱和，醛分为饱和醛和不饱和醛，酮分为饱和酮和不饱和酮。

（三）醛、酮的命名

醛、酮的命名一般采用系统命名法。选择含有羰基的最长碳链作为主链，支链视为取代基，从靠近羰基的一端开始编号。以主链碳原子的数目称为"某醛"或者"某酮"。同时注明羰基的位置及双键和三键的位置。

例如：

$$CH_3CHCH_3CH_2CHO \qquad C_6H_5CHCH_3CHO \qquad CH_3CH_2COCH_2CH_3$$

　　3-甲基丁醛　　　　　　2-苯基丙醛　　　　　　　3-戊酮

（四）醛、酮的性质

1. 物理性质

常温下，除甲醛是气体外，十二个碳原子以下的醛、酮都是液体，高级的醛、酮是固体。低级醛常带有刺鼻的气味，中级醛有花果香。低级酮有清爽味，中级酮也有香味。羰基氧能与水分子形成氢键，故低级醛、酮易溶于水。

2. 化学性质

受羰基的影响，与羰基直接相连的 α-碳原子上的氢原子（α-H）较活泼，能发生加成反应。

1）与氢气加成反应

加氢还原：醛、酮在催化剂作用下可与氢气加成生成醇。

$$CH_3CH{=}CHCH_2CHO + H_2 \xrightarrow{\text{Ni,250℃,加压}} CH_3(CH_2)_4OH$$

$$CH_3COCH_3 + H_2 \xrightarrow{\text{Ni, }\triangle} CH_3CHOHCH_3$$

2）与氨及其衍生物发生缩合反应

醛、酮能与氨及其衍生物脱去一分子水，生成一系列的化合物。醛、酮与伯胺生成席夫碱，与羟胺生成肟，与肼生成腙。

3）氧化反应

醛在弱的氧化剂存在时即可将醛氧化为羧酸。常用的弱的氧化剂有托伦斯试剂、斐林试剂和班氏试剂。

$$RCHO + 2\left[Ag(NH_3)_2\right]^+ + 2OH^- \longrightarrow 2Ag\downarrow + RCOONH_4 + NH_3\uparrow + H_2O$$

托伦斯试剂是硝酸银的氨溶液，它与醛共热时，会生成银，附着在容器内壁，形成银镜，因此又叫银镜反应。此反应可用来区别醛和酮。

硫酸铜溶液与氢氧化钠的酒石酸钾钠溶液的混合溶液即为斐林试剂。醛与斐林试剂共热时，二价铜被还原成砖红色的氧化亚铜沉淀，但芳香醛不能使斐林试剂发生氧化反应。

班氏试剂是硫酸铜、碳酸钠和柠檬酸钠的混合溶液，醛与班氏试剂反应也能生成砖红色氧化亚铜沉淀，临床上利用此反应检验尿糖和血糖。

（4）与希夫试剂的显色反应

希夫试剂是品红亚硫酸试剂，醛与希夫试剂反应，溶液颜色由无色变为紫红色，利用此反应可以鉴别醛的存在，而酮不与希夫试剂反应。

（5）卤仿反应

含有 α-甲基的醛酮在碱溶液中与卤素反应，生成卤仿。

$$\underset{(H)}{\underset{R}{\overset{O}{\parallel}}} C-CH_3 \ + \ NaOH \ + \ X_2 \xrightarrow{\quad\quad} \underset{(H)}{\underset{R}{\overset{O}{\parallel}}} C-CX_3 \xrightarrow{OH} CHX_3 \ + \ RCOONa$$

（NaOX）　　　　　　　　　　卤仿

若 X_2 是 Cl_2，则得到 $CHCl_3$（氯仿）液体。

若 X_2 是 Br_2，则得到 $CHBr_3$（溴仿）液体。

若 X_2 是 I_2，则得到 CHI_3（碘仿）黄色固体，称其为碘仿反应。碘仿为浅黄色晶体，现象明显，故常用来鉴定上述反应的化合物。

（五）重要的醛、酮化合物

1. 甲醛

甲醛俗称蚁醛，常温条件下是无色的有强烈刺激性气味的气体，与空气混合后遇火爆炸。甲醛易溶于水，它的31%～40%水溶液（常含8%甲醇作稳定剂）称为"福尔马林"，农业上用甲福尔马林浸泡种子，医药上用福尔马林浸泡动物尸体。甲醛有毒，对皮肤有刺激作用，过量吸入甲醛蒸气会引起中毒。

2. 丙酮

丙酮是无色、易挥发的具有清香气味的可燃性液体，在空气中极易发生爆炸。丙酮是常用的有机溶剂，能溶解油脂、橡胶和蜡等多种物质。丙酮也可以用作各种维生素和激素生产中的萃取剂，也是重要的化工原料，常用来制造氯仿、环氧树脂和有机玻璃等。

3. 苯甲醛

苯甲醛又名苦杏仁油，常温条件下是无色有苦杏仁味的液体，自然界中存在于桃子、杏等果实的核仁中。苯甲醛有毒，直接食用苦杏仁存在危险。苯甲醛在有机合成工业中具有不可替代的作用，用于制备染料、药物和香料等。

<h1 style="text-align:center">第五节 羧 酸</h1>

一、羧酸的命名和分类

羧基与烃类或氢原子连接而成的化合物叫作羧酸。羧酸的官能团是羧基（—COOH）。

（一）羧酸的命名

羧酸的命名有俗名法，例如柠檬酸、苹果酸、酒石酸等。羧酸也有系统命名法，方法与醛酮相似。选择含有羧基的最长碳链为主链，从羧基一端开始给碳原子编号，注明取代基的位置及官能团的位置。

例如：

$$CH_3CHCH_3CH_2COOH \qquad (C_2H_5)_2CHCH_2COOH$$

3-甲基丁酸   3-乙基戊酸

而对于不饱和羧酸，应该选择含有羧基和不饱和键在内的最长碳链为主链。

例如：

$$CH_2{=}CHCOOH \qquad CH_3CH{=}CHCOOH \qquad CH_2{=}CCH_3CH_2COOH$$

丙烯酸   2-丁烯酸   3-甲基-3-丁烯酸

对于芳香族羧酸，一般以苯甲酸为母体；如果结构复杂，则把芳环作为取代基来命名。

例如：

苯甲酸   间甲基苯甲酸   邻羟基苯甲酸

对于二元酸，选择包括两个羧基碳原子在内的最长碳链为主链，根据主链碳的个数称为"某二酸"；芳香族二元羧酸必须注明两个羧基的位置。

例如：

$$HOOC(CH_2)_4COOH \qquad HOOCCHCH_3CH_2COOH$$

己二酸   2-甲基丁二酸

（二）羧酸的分类

根据分子中烃基是否饱和，羧酸可分为饱和羧酸和不饱和羧酸；根据分子中羧基的数目，羧酸可分为一元羧酸、二元羧酸和多元羧酸。

二、羧酸的性质

（一）物理性质

对于饱和一元羧酸，分子中 3 个碳原子以下的羧酸是有强烈酸味的刺激性液体，从 4 个碳原子到 9 个碳原子的羧酸是具有臭味的油状液体，多于或等于 10 个碳原子的羧酸为蜡状固体。脂肪族二元羧酸及芳香羧酸都是结晶固体。脂肪族低级一元羧酸可与水互溶，随着碳原子的增加溶解度降低。饱和一元羧酸沸点随碳链的增长而升高，但熔点变化的特点是呈锯齿状上升，即含偶数碳原子羧酸的熔点比前后两个相邻的含奇数碳原子羧酸的熔点高。

（二）化学性质

羧酸的化学反应主要发生在其官能团羧基上，而羧基是由羟基和羰基组成的，因此羧酸既有羟基的性质，又有羰基的性质，但并不是这两类官能团性质的简单加合，其化学性质表现在以下几个方面：

1）酸性

羟基中的氢原子有酸性，因此具有酸的通性。可以与碱和某些盐类发生反应。例如：

$$CH_3COOH + NaOH \longrightarrow CH_3COONa + H_2O$$
$$CH_3COOH + NaHCO_3 \longrightarrow CH_3COONa + H_2O + CO_2\uparrow$$
$$乙酸钠$$

由此可见，羧酸的酸性比碳酸的强。

2）取代反应

（1）羧酸与三氯化磷、五氯化磷等作用时，分子中的羟基被卤原子取代，生成酰卤。例如：

$$3CH_3CH_2COOH + PCl_3 \xrightarrow{45℃} 3CH_3CH_2COCl + H_3PO_3$$

（2）羧酸在脱水剂（如五氧化二磷、乙酸酐等）作用下，脱水生成酸酐。例如：

$$2CH_3CH_2COOH \xrightarrow{P_2O_5,\triangle} (CH_3CH_2CO)_2O + H_2O$$

（3）在强酸（如浓 H_2SO_4）催化下，羧酸和醇生成羧酸酯的反应称为酯化反应。

例如：

$$CH_3COOH + HOCH_2CH_3 \xrightarrow{H_2SO_4\triangle} CH_3COOCH_2CH_3 + H_2O$$

（4）羧酸与氨或胺反应，先生成铵盐，然后加热脱水形成酰胺。

例如：

$$CH_3CH_2COOH + NH_3 \longrightarrow CH_3CH_2COONH_4 \xrightarrow{-H_2O,\triangle} CH_3CH_2CONH_2$$

3）脱羧反应

羧酸脱去二氧化碳的反应称为脱羧反应。羧酸的碱金属盐与碱石灰共热，会发生脱羧反应，生成二氧化碳和少一个碳原子的烷烃。

$$RCOONa \xrightarrow{NaOH+CaO,\triangle} R—H + Na_2CO_3$$

实验室中制备少量甲烷就是利用脱羧反应。

$$CH_3COONa \xrightarrow{NaOH+CaO,\triangle} CH_4 + Na_2CO_3$$

三、重要的羧酸化合物

1. 甲酸

甲酸俗称蚁酸，是有刺激性的无色液体，有极强的腐蚀性，因此使用时要尽量避免与皮肤接触。甲酸能与水和乙醇混溶。自然界中，甲酸主要存在于某些昆虫（如蜜蜂、蚂蚁等）体内和某些植物（如荨麻）中。当人们被蜜蜂蜇到，会感到肿痛，就是甲酸所致。

2. 乙酸

乙酸俗称醋酸，食醋的主要成分就是乙酸。它是有刺激性气味的无色液体，易溶于水和乙醇。当温度低于16℃时，纯的乙酸会凝结为冰状固体，因此称为冰醋酸。

3. 乙二酸

乙二酸俗称草酸，是最简单的二元羧酸。乙二酸是无色固体，能溶于水、乙醇。乙二酸易被高锰酸钾氧化生成二氧化碳和水，且反应定量进行，在分析化学中常用乙二酸作为标定高锰酸钾溶液浓度的基准物质。在日常生活中，可以用草酸清洗铁锈和蓝墨水污迹。

4. 苯甲酸

苯甲酸俗称安息香酸。苯甲酸为白色针状晶体，微溶于热水、乙醇和乙醚。易升华，也随水蒸气挥发。苯甲酸可用来制造染料、香料、药物等。苯甲酸及其钠盐有杀菌防腐作用，常用做食品的防腐剂。

5. 水杨酸

邻羟基苯甲酸俗称水杨酸，最初是由水杨柳或柳树皮水解而得到的。水杨酸是无色晶体，微溶于水，易溶于乙醇和乙醚，能升华。它能与 $FeCl_3$ 发生显色反应。水杨酸有消毒、防腐、解热、镇痛和抗风湿作用，其衍生物很多作为药物。如乙酰水杨酸俗称"阿斯匹林"，它是一种常用的解热镇痛药。

6. 己二酸

己二酸为白色单斜结晶体。微溶于水，易溶于乙醇、丙酮和乙醚等有机溶剂。可用于医药、分析化学、酵母提纯、染料、合成香料及照相纸等方面。

四、羧酸衍生物

（一）羧酸衍生物的分类

羧酸分子中的羟基被其他原子或原子团取代后生成的化合物叫羧酸衍生物。羧酸分子中的羟基被卤原子、酰氧基、烷氧基、氨基取代生成的化合物，分别称为酰卤、酸酐、酯和酰胺。羧酸衍生物通常指的就是这四类有机化合物。

$$\underset{\text{酰卤}}{R-\overset{\displaystyle O}{\overset{\|}{C}}-X} \qquad \underset{\text{酸酐}}{R-\overset{\displaystyle O}{\overset{\|}{C}}-O-\overset{\displaystyle O}{\overset{\|}{C}}-R} \qquad \underset{\text{酯}}{R-\overset{\displaystyle O}{\overset{\|}{C}}-O-R'} \qquad \underset{\text{酰胺}}{R-\overset{\displaystyle O}{\overset{\|}{C}}-NH_2}$$

（二）根据酰基的名称，称为"某酰卤"

$$\underset{\text{酰卤}}{RCOX} \qquad \underset{\text{酯}}{R_1COOR_2} \qquad \underset{\text{酰胺}}{RCONH_2}$$

例如：

$$\underset{\text{乙酰氯}}{CH_3COCl} \qquad \underset{\text{2-甲基丙酰溴}}{CH_3CHCH_3COBr}$$

根据酰基的名称，称为"某酰胺"。

例如：

$$\underset{\text{丙酰胺}}{CH_3CH_2CONH_2} \qquad \underset{\text{丙烯酰胺}}{CH_2\!=\!CHCONH_2}$$

酸酐是根据它水解后生成相应的羧酸来命名的。酸酐中含有两个相同或不同的酰基时，分别称为单酐或混酐。混酐的命名与混醚相似。

根据酯水解后生成相应的羧酸和醇，称为"某"酸"某"酯。例如：

$$HCOOCH_2CH_3 \qquad\qquad CH_3COOCH_2CH_3$$
甲酸乙酯   乙酸乙酯

（三）羧酸衍生物的性质

羧酸衍生物在有机合成工业和生物体内糖、脂肪、蛋白质的代谢中都有重要作用。

1）羧酸衍生物的物理性质

自然界中不存在甲酰氯。低级酰氯都是有刺激性气味的液体，高级酰氯一般为白色固体。酰氯难溶于水，低级酰氯遇水易分解。在自然界中甲酸酐也不存在，低级酸酐是具有刺激性气味的无色液体，壬酸酐以上的酸酐均为固体。酸酐不溶于水，溶于乙醚、苯和氯仿等有机溶剂。低级酯为无色，多数是有果香味的液体，高级酯为蜡状固体。低级酯一般微溶于水，高级酯都难溶于水，但易溶于乙醇、乙醚等有机溶剂。常温下，甲酰胺是液体，其余酰胺均为固体，低级酰胺易溶于水，随着碳原子数的增加，酰胺在水中的溶解度逐渐降低。

2）羧酸衍生物的化学性质

（1）羧酸衍生物的水解反应

酰卤、酸酐、酯和酰胺都可以和水反应，生成相应的羧酸。

例如：乙酰氯易水解生成羧酸和氯化氢，乙酸乙酯水解生成乙酸和乙醇。

$$CH_3COCl + H_2O \longrightarrow CH_3COOH + HCl$$
乙酰氯

$$CH_3COOCH_2CH_3 + H_2O \xrightarrow{H_2SO_4,\triangle} CH_3CH_2OH + CH_3COOH$$
乙酸乙酯

酰氯在冷水条件下就能迅速水解生成羧酸，酸酐则需要与热水作用，酯的水解常常需要加热，且有酸或碱做催化剂。酰胺的水解也需要酸或碱做催化剂，经长时间的回流才能完成。因此，羧酸衍生物水解反应的活性次序是：酰卤＞酸酐＞酯＞酰胺。

（2）羧酸衍生物的醇解反应

酸酐、酰卤和醇反应生成酯。酯和醇需要在酸或碱的催化条件下发生醇解反应，酰胺的醇解反应很难进行。酯的醇解反应可生成新的酯，这个反应称为酯交换反应。

反应通式为

$$RCOOR_1 + R_2OH \longrightarrow RCOOR_2 + R_1OH$$

（3）羧酸衍生物的氨解

酰氯、酸酐和酯都可以顺利地与氨反应生成相应的酰胺。

例如：乙酰氯氨解生成乙酰胺和氯化铵，乙酸乙酯氨解生成乙酰胺和乙醇。

$$CH_3COCl + 2NH_3 \longrightarrow CH_3CONH_2 + NH_4Cl$$

$$CH_3COOCH_2CH_3 + NH_3 \longrightarrow CH_3CONH_2 + CH_3CH_2OH$$

3）重要的羧酸衍生物

（1）乙酰氯。乙酰氯是无色的有刺激性气味的液体，易被水解为 HCl 而冒白烟。工业上用三氯化磷或五氯化磷与乙酸作用来制取乙酰氯。乙酰氯主要用途是作乙酰化试剂。

（2）乙酸酐。乙酸酐最主要的生产方法是由乙酸与乙烯酮反应制得。乙酸酐具有刺激性，常温下为无色液体，是良好的溶剂。它与热水作用会生成乙酸。乙酸酐是重要的化工原料，合成医药、油漆和塑料等都会用到乙酸酐。

（3）乙酸乙烯酯。乙酸乙烯酯又名乙烯基醋酸酯，是无色、有强烈气味的液体，不溶于水，易溶于有机溶剂。乙酸乙烯酯用于制造乙烯基树脂和合成纤维。乙酸乙烯酯在甲醇中聚合生成聚乙酸乙烯酯。聚乙酸乙烯酯无毒，有很好的可塑性，黏结力强，耐酸碱，主要用于制造水性涂料漆、黏合剂和织物整理剂等。

第六节　胺

一、胺的结构、分类和命名

（一）胺的结构和分类

氨分子中氢原子被一个或几个烃基取代后的化合物统称为胺。胺和酰胺都是烃的含氮衍生物，对于生命活动都是十分重要的物质。胺按氮原子连接的烃基数目不同，可分为伯胺、仲胺和叔胺。此外，还有一类相当于 $NH_4^+Cl^-$ 和 $NH_4^+OH^-$ 的化合物。

（二）胺的命名

简单胺的命名是在烃基名称后加胺字，称为某胺。复杂结构的胺是将氨基和烷基作为取代基来命名。季铵盐或季铵碱是将其看作铵的衍生物来命名。

伯胺：　　CH_3NH_2　　　　　$CH_3CH_2NH_2$
　　　　　　甲胺　　　　　　　　乙胺

仲胺：　　CH_3NHCH_3　　　　$CH_3NHC_2H_5$
　　　　　　二甲胺　　　　　　　甲乙胺

叔胺：　　$(CH_3)_2NCH_3$
　　　　　　三甲胺

二、胺的性质

（一）物理性质

在常温条件下，甲胺、二甲胺、三甲胺、乙胺这些低级胺为无色气体，其他胺为液体或固体，有鱼腥味或者氨味，高级胺无味。低级胺易溶于水，随着碳原子数的增加溶解度逐渐降低。芳香胺毒性很强，吸入其蒸气或者与动物皮肤直接接触会引起中毒，因此取用时要注意采取防护措施。

（二）胺的化学性质

胺和氨有相似性，二者的水溶液都具有碱性，能与大多数酸反应生成盐。

$$NH_3 + H_2O \longrightarrow NH_4^+ + OH^-$$

$$CH_3NH_2 + H_2O \longrightarrow CH_3NH_3^+ + OH^-$$

胺的碱性较弱，其碱性强弱为：脂肪胺＞氨＞芳香胺

胺能与强酸作用生成盐,生成的盐又能与强碱反应把胺游离出来。

例如：甲胺和盐酸生成氯化甲胺（又名甲胺盐酸盐）。

$$CH_3NH_2 + HCl \longrightarrow CH_3NH_3^+ Cl^-$$

$$CH_3NH_3^+ Cl^- + NaOH \longrightarrow CH_3NH_2 + NaCl + H_2O$$

三、胺的重要化合物

1. 苯胺

苯胺是无色、有毒的油状液体，在空气中易被氧化，苯胺是合成药物、染料的重要中间体。

2. 乙二胺

乙二胺用于制备药物、乳化剂、杀虫剂等。也用于制乙二胺四乙酸，简称 EDTA。EDTA 是一种重要的络合剂。

3. 己二胺

己二胺是制备尼龙-66 的基本原料。也是一种重要的络合剂。

第七节　酰　胺

酰胺的结构、分类

（一）酰胺的结构和分类

酰胺是指氨或者胺分子中的氢原子被酰胺基（—CO—NH—）取代后的产物。按照酰胺分子中酰基所连的氨基不同，可分为伯酰胺、仲酰胺、叔酰胺三类，它们的结构通式分别为：

$$R-\overset{\overset{\displaystyle O}{\|}}{C}-NH_2 \qquad R-\overset{\overset{\displaystyle O}{\|}}{C}-NH-R' \qquad R-\overset{\overset{\displaystyle O}{\|}}{C}-N\overset{R'}{\underset{R''}{\big\langle}}$$

$$\text{伯酰胺} \qquad\qquad \text{仲酰胺} \qquad\qquad \text{叔酰胺}$$

（二）酰胺的性质

1. 物理性质

常温下，甲酰胺是液体，多数是白色晶体。低级酰胺一般都溶于水，高级酰胺难溶于水。

2. 化学性质

酰胺是接近中性的化合物，在酸性条件下会发生水解生成羧酸和铵盐，在碱性条件下会发生水解生成羧酸盐和氨气。

$$CH_3CONH_2 + H_2O + HCl \xrightarrow{\triangle} CH_3COOH + NH_4Cl$$

$$CH_3CONH_2 + NaOH \longrightarrow CH_3COONa + NH_3$$

（三）重要的酰胺

1. 脲

脲是碳酸的二酰胺。尿素是哺乳动物体内蛋白质代谢的最终产物，存在于动物的尿液中。尿素是无色晶体，易溶于水及乙醇。尿素的用途广泛，在农业上用做高效固体氮肥，也是有机合成的重要原料。尿素本身是一种药物，对降低脑颅内压和眼内压有显著疗效。

2. 丙二酰脲

丙二酰脲为无色晶体，它是一类重要的镇静催眠药。难溶于水，能溶于一般有机溶剂中。由丙二酰脲衍生出的巴比妥类药物有催眠作用，可作注射用。

习　题

1. 写出分子式为 $C_6H_{13}O$ 的所有同分异构体，并按系统命名法命名。

2. 写出下列化合物的结构简式。

（1）2-甲基-3-丁醇　　　　　　　（2）甘油

（3）邻甲苯酚　　　　　　　　　　（4）4-乙基苯酚

（5）甲乙醚　　　　　　　　　　　（6）丙醛

（7）2,3-二甲基戊酸　　　　　　　（8）乙二酸

（9）甲胺　　　　　　　　　　　　（10）苯甲酸甲酯

3. 命名下列胺并注明伯胺、仲胺、叔胺。

（1） 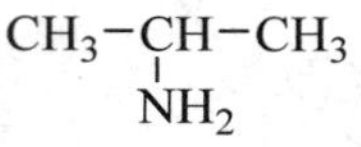
$$CH_3-CH-CH_3$$
$$\quad\quad\quad NH_2$$

（2）
$$H_3C$$
$$\quad\quad N-C_2H_5$$
$$H_3C$$

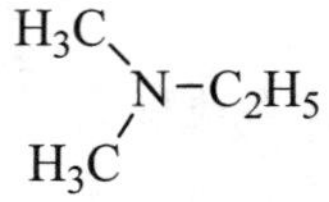

（3） H_3C—〈苯环〉—NO_2

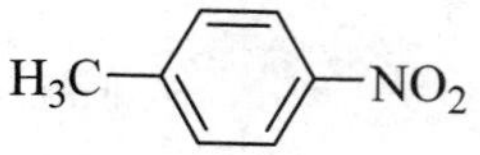

（4） 〈苯环〉—N(CH_3)—〈苯环〉

（5） H_2N—〈苯环〉—$COOH$

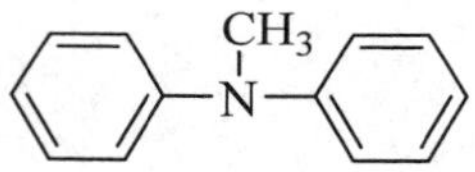

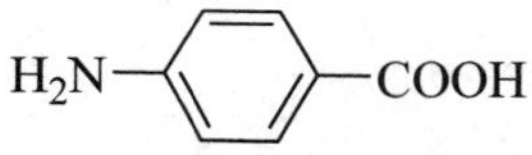

（6） 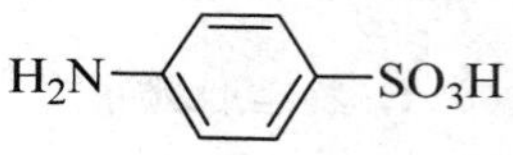 H_2N—〈苯环〉—SO_3H

4. 用化学方法鉴别下列各组化合物。

（1）乙醇和乙醛　　　　　　　　　（2）丙酮和丙醛

（3）乙醇和甘油　　　　　　　　　（4）苯甲醛和苯酚

第十章　杂环化合物和生物碱

【知识目标】

1. 认识常见杂环化合物的结构特点。

2. 理解杂环化合物的主要性质。

3. 了解重要的生物碱在农业生产中的应用。

【技能目标】

1. 学会用系统命名法给简单的杂环化合物进行命名。

2. 熟记几种重要的杂环化合物的应用。

前面学过的环状化合物，它们的环都是由碳原子组成的。在环状化合物中，如果组成环的原子除碳原子外还有其他原子，这类化合物通常称为杂环化合物，碳原子以外的其他原子叫杂原子，最常见的杂原子有氧原子、硫原子和氮原子。环中可以含有一个、两个或更多个杂原子，环可以是三元环、四元环、五元环、六元环或更大的环，也可以是各种稠合的环。

由于组成杂环的杂原子的种类和数量不同，环的大小及稠合的方法不同，因此杂环化合物的种类繁多，数目可观，约占全部已知有机化合物的三分之一。近年来，在有机化学领域内，有关杂环化合物的研究工作占了相当大的比重。杂环化合物广泛存在于自然界中，如植物体中的叶绿素和动物体中的血红素都具有杂环结构，石油、煤焦油中有含硫、含氮及含氧的杂环化合物。许多杂环化合物的结构相当复杂，而且不少具有重要的生理作用。

第一节　杂环化合物

一、杂环化合物

1. 杂环化合物的分类

杂环化合物根据环的大小可以分为三元环、四元环、五元环、六元环等，其中最重要的是五元环和六元环；又可以按杂环中杂原子数目，分为含有一个杂原子的杂环化合物及含有两个或两个以上杂原子的杂环化合物；还可按环的形成方式，分为单杂环化合物和稠环化合物等。

2. 杂环化合物的命名

杂环化合物的命名比较复杂，一般用习惯名称。

常见的杂环化合物有下面几种。

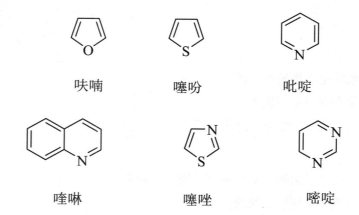

当环上有取代基时，命名时从杂环上杂原子开始顺着环编号。当环上的杂原子数目大于或等于 2 时，要使杂原子所在位次的代数和最小。环上有不同的杂原子时，按 O、S、N 的次序编号。

例如：

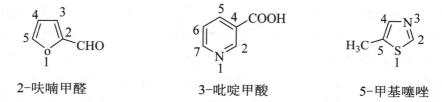

杂环化合物也可以根据相应的碳环来命名。把杂环看成相应碳原子被杂原子取代而形成的化合物。命名时在相应的碳环名称前加上杂原子的名称。

例如：

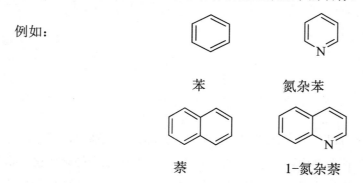

二、杂环化合物的性质

（一）呋喃

1. 物理性质

呋喃存在于松木焦油中，为无色液体，沸点 32℃，具有类似氯仿的气味，难溶于水，易溶于有机溶剂。它的蒸气遇到被盐浸湿的松木片时，即呈现绿色，可用来鉴定呋喃的存在。

2. 化学性质

呋喃具有芳香性，比苯活泼，容易发生取代反应。另外，呋喃分子的环状结构上有不饱和双键，可以发生加成反应。

（1）取代反应

呋喃与溴作用生成 2,5-二溴呋喃。呋喃受无机酸的作用，容易发生环的破裂和树脂化，因此不能使用一般的硝化、磺化试剂，而必须采用比较缓和的试剂。例如：

2,5-二溴呋喃

（2）加成反应

呋喃在 Ni 做催化剂条件下加氢生成四氢呋喃。

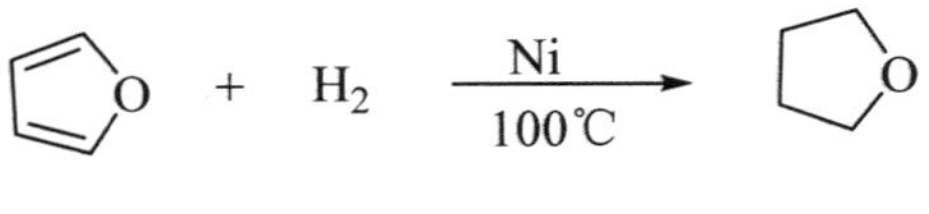

四氢呋喃

3. 应用

四氢呋喃为无色液体，是一种优良的溶剂和重要的合成原料，常用于制取己二酸、丁二烯等。

（二）噻吩

噻吩存在于煤焦油的粗苯中，石油中含有噻吩及其同系物，噻吩在水中的溶解性很差。噻吩的沸点与苯非常接近，难以用一般的分馏法分离。

1. 物理性质

噻吩为无色液体，容易被空气中的氧气氧化。

2. 化学性质

噻吩与苯相似，可与氢等发生加成反应。噻吩在浓硫酸存在下，与靛红一同加热显示蓝色，反应灵敏，可用此法来检验噻吩。噻吩与呋喃类似，α 位碳原子上会发生取代反应。

（三）吡咯

1. 物理性质

吡咯为无色油状液体，有淡淡的苯胺的气味，不溶于水，易溶于醇或醚，在空气中颜色逐渐变深。吡咯的醇溶液和蒸气能使被盐酸浸过的松木片变成红色，此法可用来检验吡咯的存在。

2. 化学性质

1）弱酸性

吡咯有较弱的酸性，可被碱金属取代生成盐。

例如：

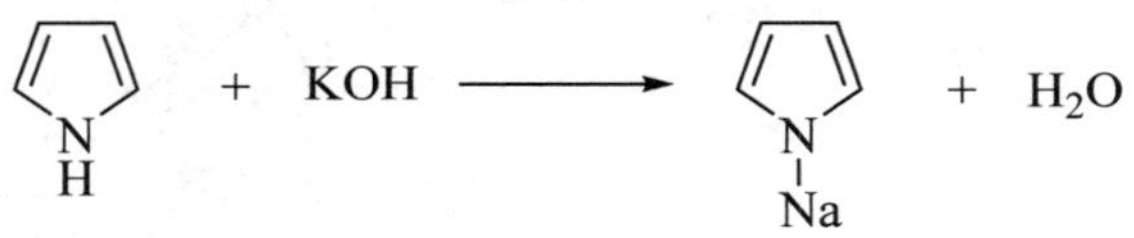

2）取代反应

吡咯分子上的碳环容易发生取代反应。

例如：在碱性条件下吡咯与碘发生取代反应生成四碘吡咯。四碘吡咯常用做伤口消毒剂。

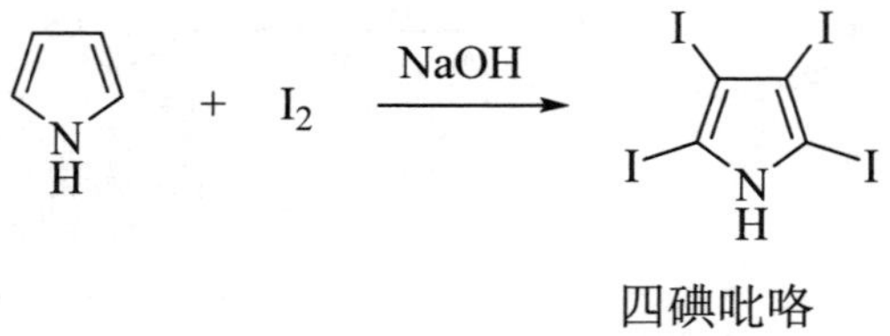

四碘吡咯

3）加成反应

吡咯催化加氢时，可生成二氢吡咯或四氢吡咯。

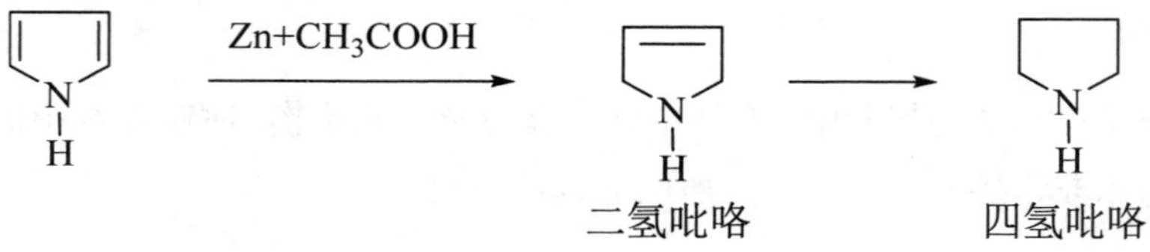

二氢吡咯   四氢吡咯

3. 应用

吡咯的衍生物在自然界中很多，植物中的叶绿素和动物中的血红素都是吡咯的衍生物，胆红素、维生素 B_{12} 等都具有吡咯或四氢吡咯结构，其在动、植物的生命活动中有非常重要的作用。

（四）吡啶

1. 物理性质

吡啶是无色有臭味的液体，与水、乙醇、乙醚等互溶，吡啶是一种很好的溶剂。

2. 化学性质

1）碱性

吡啶具有较弱的碱性。它的碱性比苯胺强，比脂肪胺及氨弱。吡啶可与无机酸生成盐。例如：

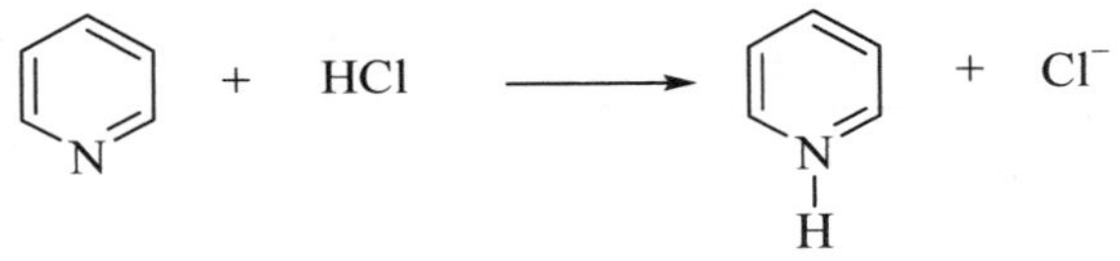

2）取代反应

吡啶分子环上的 β 位碳原子容易发生取代反应。

例如：在 300℃时，与溴发生取代反应。

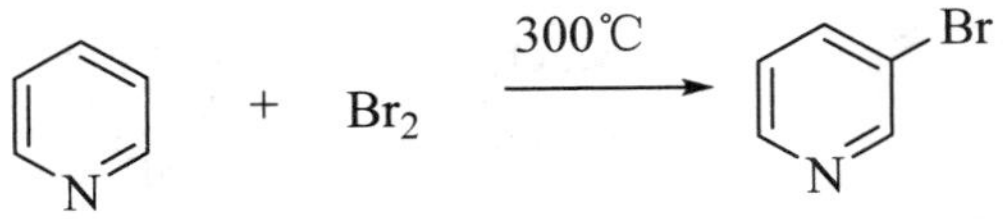

3-溴吡啶

3）氧化反应

吡啶不易被氧化剂氧化。吡啶的同系物在碱性条件下易被高锰酸钾氧化，生成相应的吡啶甲酸。

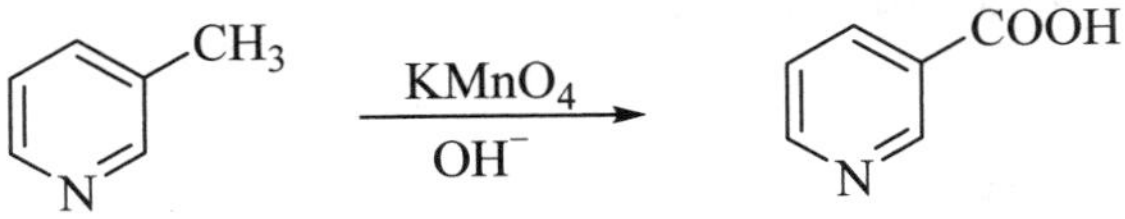

吡啶甲酸

4）催化加氢

吡啶经催化加氢化或用乙醇和钠还原，可得六氢吡啶。

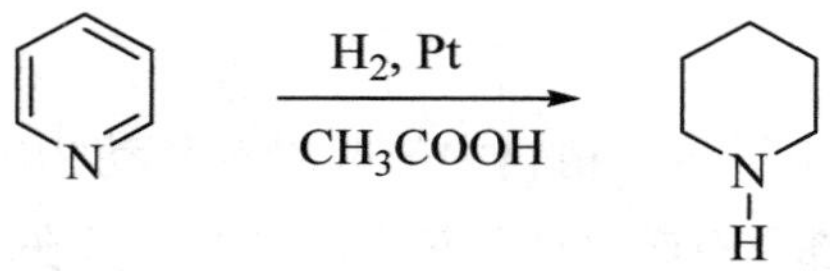

六氢吡啶

（五）喹啉

1. 物理性质

喹啉是无色油状液体，有特殊臭味，难溶于水，易溶于有机溶剂。

2. 化学性质

1）取代反应

例如：喹啉在硫酸和硝酸存在时，0℃时发生如下取代反应。

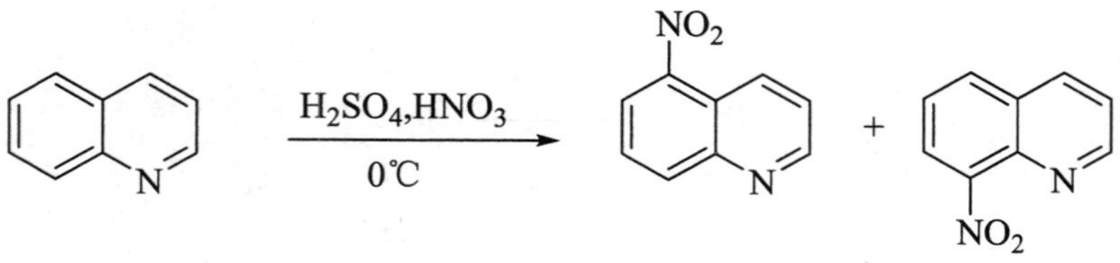

5-硝基喹啉　　　　8-硝基喹啉

2）氧化反应

例如：喹啉在 220℃时，能被高锰酸钾氧化生成 2,3-吡啶二甲酸。

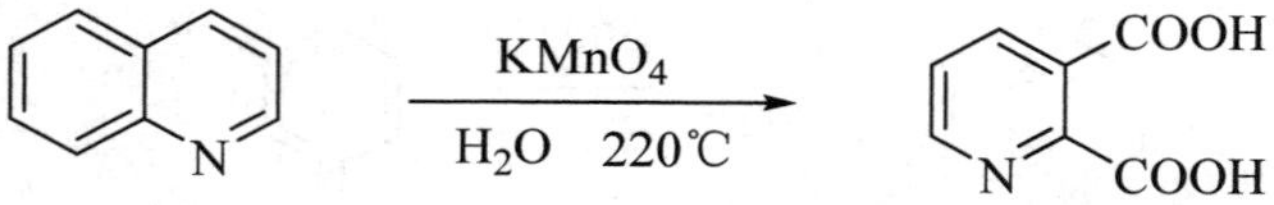

2,3-吡啶二甲酸

4. 应用

喹啉在医药上应用较多，许多药物分子中含有喹啉环，如抗疟药奎宁、抗癌药喜树碱等。

三、重要的杂环化合物的衍生物

1. 呋喃的衍生物——糠醛

糠醛是呋喃的衍生物，在自然界中广泛存在。糠醛是一种 α-呋喃衍生物，最初是从米糠与稀酸共热得到的，所以叫糠醛。糠醛为无色液体，溶于水，也能溶于醇和醚。在酸性条件下催化易被氧化，颜色逐渐变深，由黄色变为棕色至黑褐色。为了防止糠醛的氧化，可向其中加入少量抗氧化剂。糠醛的 α 位上的氢原子被醛基取代，因此可发生银镜反应。糠醛是很好的溶剂，在有机合成反应中也有应用。

2. 噻唑的衍生物

噻唑及其衍生物都存在于自然界中，在医药上应用较广。如青霉素、维生素 B_1、磺胺噻唑都具有噻唑或氢化噻唑的结构。

3. 吡唑衍生物

吡唑的衍生物中最重要的是吡唑啉酮衍生物，其在医疗上有一定应用。例如，测定钙的试剂，以及常用的退烧药安替比林、安乃近等都具有吡唑酮的基本结构。

第二节 生 物 碱

生物碱是指存在于生物体内的一类具有明显生理活性的含氮碱性有机化合物。由于这类物质主要存在于植物体内，所以也叫植物碱。至今已经分离出来的生物碱多达数千种。

大多数生物碱的结构复杂，含有多个环状结构，多数为含氮杂环，如含有吡啶、喹啉的环状结构等，但也有少数是胺类化合物，如麻黄碱。生物碱具有特殊的生理作用，大多数是非常有效的药物。许多中草药如麻黄、当归、曼陀罗、黄连等的有效成分都是生物碱。

生物碱多数有碱性，生物碱的盐易溶于水，医药上用的生物碱的盐通常配成所需浓度的注射液使用。生物碱的毒性较大，适量的生物碱可用于治疗疾病，过量会引起中毒，使用时切记要特别注意剂量。

常见的生物碱有以下几种。

1. 烟碱

烟碱又叫尼古丁。烟草中含有十多种生物碱，主要是烟碱，平均含量约为 4%，是无色或微黄色液体，有辛辣臭味，易溶于乙醇、乙醚、氯仿等有机溶剂。烟碱极毒，少量可刺激中枢神经致使兴奋，增高血压，大量使用则引起头痛、呕吐、意识模糊等中毒症状，严重者使心肌麻痹导致死亡。

2. 麻黄碱

麻黄碱又叫麻黄素，是中草药麻黄中的一种主要生物碱。麻黄在中国古代就被用做发汗药和止咳药，至今仍是一种常见的中药。麻黄碱为无色结晶，易溶于水，也能溶于乙醇、乙醚等有机溶剂，医疗上用于止咳和缓解哮喘。

3. 阿托品

阿托品在自然界中主要存在于洋金花、曼陀罗等植物中。阿托品为白色晶体，易溶于乙醇、氯仿等有机溶剂，难溶于水。医疗上常用可溶性的硫酸阿托品来缓解痉挛和镇痛等，也可用于治疗胃、肠、肾绞痛或者抢救有机磷中毒的患者。

4. 吗啡和可卡因

吗啡和可卡因广泛存在于鸦片中，鸦片是罂粟流出的乳汁，晒制成黑色膏状的物质。鸦片中含有多种生物碱，其中以吗啡和可卡因最为主要。吗啡是白色结晶，微溶于水，水溶液有苦味，对动物的中枢神经有麻醉作用，因此医疗上用来镇痛，但不可长期使用，会使动物上瘾。可卡因是吗啡的甲基醚。可卡因和吗啡有同样的生理作用，可以镇痛，医药上用的磷酸可卡因，主要用做镇咳剂。

5. 咖啡碱

咖啡碱主要存在于咖啡和茶叶中。咖啡碱为白色针状结晶，有苦味，能溶于热水，具有弱碱性。咖啡碱对中枢神经有兴奋作用，临床上用来做呼吸衰竭的急救，并用做利尿剂等。

习　题

1. 什么是杂环化合物？如何分类？
2. 什么叫生物碱？生物碱有哪些应用？

第十一章　糖、脂和蛋白质

【知识目标】

1. 掌握糖、脂及蛋白质的结构特点。
2. 理解糖、脂和蛋白质的主要化学性质。

【技能目标】

1. 能利用糖的主要化学性质检验醛糖和酮糖。
2. 学会利用蛋白质的化学性质检验蛋白质。

第一节　糖

糖类又称为碳水化合物，常见的糖类有葡萄糖、半乳糖、蔗糖、乳糖、淀粉、纤维素等，是植物光合作用的产物。糖分子由多羟基醛和多羟基酮及其缩合物构成。糖类都是由 C、H、O 三种元素组成，且都符合 $C_n(H_2O)_m$ 的通式，因而称之为碳水化合物。

根据其单元结构分为三类。

1. 单糖

不能再水解的多羟基醛或多羟基酮。

2. 低聚糖

含 2～10 个单糖结构的缩合物。以二糖最为多见，如蔗糖、麦芽糖、乳糖等。

3. 多糖

含 10 个以上单糖结构的缩合物。如淀粉、纤维素等。

一、单糖

单糖的结构

1. 基本结构

单糖是多羟基醛或多羟基酮，按官能团分为醛糖和酮糖。自然界中普遍存在的单糖有葡萄糖、果糖、半乳糖等。一般用链状结构和环状结构表示单糖，链状结构不稳定，生物体内的单糖主要以环状结构存在，环状结构常写成哈武斯透视式。葡萄糖有四个手性碳原子，因此它有 16 个对应异构体。

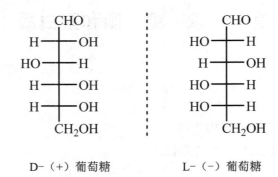

D-（+）葡萄糖　　　　L-（-）葡萄糖

2. 构型的标记和表示方法

糖类的构型习惯用 D／L 名称进行标记，即编号最大的手性碳原子上-OH 在右边的为 D 型，在左边的为 L 型。己糖有 8 个 D 型的己醛糖和 8 个 L 型异构体。

3. 单糖的环状结构

糖的半缩醛氧环式结构不能反映出各个基团的相对空间位置。为了更清楚、直观地反映糖的氧环式结构，可用哈沃斯透视式来表示。

例如：

α-D-(+)-吡喃葡萄糖　　　　β-D-(+)-吡喃葡萄糖

二、单糖的性质

1. 单糖的性质

1）物理性质

单糖是无色晶体，有吸湿性，易溶于水，都有甜味，但甜度不同。

2）化学性质

（1）成脎反应

单糖与苯肼反应生成的产物叫作脎，糖脎为黄色结晶，不同的糖脎有不同的晶形，反应中生成的速度也不同。因此，可根据糖脎的晶型和生成的时间来鉴别单糖。

（2）氧化反应

单糖均可与托伦试剂、菲林试剂等弱氧化剂反应，被氧化成相应的羧酸。

$$C_6H_{12}O_6 + Ag(NH_3)_2{}^+OH^- \longrightarrow C_6H_{12}O_7 + Ag\downarrow$$

葡萄糖或果糖　　　　　　　　　　　葡萄糖酸

$$C_6H_{12}O_6 + Cu(OH)_2 \longrightarrow C_6H_{12}O_7 + Cu_2O\downarrow$$

红色沉淀

（3）成苷反应

单糖的半缩醛羟基可与其他含有羟基的化合物脱水生成缩醛型化合物。糖分子中的活泼半缩醛羟基与其他含羟基的化合物（如醇、酚），含氮杂环化合物作用，失水生成缩醛的反应称为成苷反应。糖苷在自然界的分布极广，与人类的生命和生活密切相关。

（4）呈色反应

单糖能与浓硫酸作用，脱水生成的糠醛或糠醛衍生物，可与酚类、蒽酮类作用生成不同的有色物质。

（5）成酯反应

单糖都有羟基，可与无机酸或有机酸反应生成酯。此反应可用于推测糖的环状结构的大小。

三、双糖（二糖）

糖苷是单糖分子中的半羧醛羟基与醇、酚等含羟基的化合物形成的环状缩醛。如果含羟基的化合物是另一分子单糖，这样形成的糖苷形式的化合物就是双糖。双糖是低聚糖中最重要的一种，可以看作是由两分子的单糖失水形成的化合物。它在酸性条件下，能被水解成两分子单糖。双糖的物理性质和单糖相似，能形成结晶，易溶于水，有甜味。天然存在的双糖，依据它们能否被斐林试剂氧化，可分为还原性双糖和非还原性双糖两类。

（一）还原性双糖

1. 麦芽糖

麦芽糖是由两分子的葡萄糖缩合一分子水而得，而麦芽糖在淀粉酶催化下由淀粉水解可以生成两分子的葡萄糖，因此化学性质与葡萄糖相似。

2. 乳糖

乳糖存在于哺乳动物的乳汁中，人乳中含乳糖 5%～8%，牛乳中含乳糖 4%～6%。乳糖的甜味只有蔗糖的 70%。由 β-D-吡喃半乳糖的苷羟基与 D-吡喃葡萄糖 C_4 上的羟基缩合而成的半乳糖苷，具有还原糖的通性。

（二）非还原性双糖——蔗糖

蔗糖是由 α-D-吡喃葡萄糖的苷羟基和 β-D-呋喃果糖的苷羟基脱水而成。非还原性二糖主要是蔗糖，是广泛存在于植物中的二糖，利用光合作用合成的植物的各个部分都含有蔗糖。甘蔗含蔗糖 14% 以上，北方甜菜含蔗糖 16%～20%，蔗糖一般不存在于动物体内。蔗糖不能与土伦试剂和斐林试剂反应。

四、多糖

多糖是重要的天然高分子化合物，是由单糖通过苷键连接而成的高聚体。多糖无甜味，大多难溶于水，有的能和水形成胶体溶液。多糖在自然界分布最广，最重要的多糖有淀粉和纤维素。

（一）淀粉

淀粉大量存在于植物的种子和块茎中，是人类最重要的食物之一。淀粉是麦芽糖的高聚体，白色无定形粉末，有直链淀粉和支链淀粉两类。淀粉不溶于冷水，不能发生类似于还原糖的一些反应，遇碘显深蓝色，加热后蓝色褪去，此方法可用于鉴定碘的存在。淀粉在淀粉酶作用下水解得到麦芽糖，在酸的作用下能彻底水解为葡萄糖。淀粉逐步水解为葡萄糖的过程如下：

$$淀粉 \rightarrow 蓝糊精 \rightarrow 红糊精 \rightarrow 无色糊精 \rightarrow 麦芽糖 \rightarrow 葡萄糖$$

淀粉除了可以食用，也可通过发酵来酿酒以及通过水解生产葡萄糖。

（二）纤维素

纤维素在自然界分布极广，是植物细胞壁的主要组成成分。棉花是含纤维素最高的物质，高达近 100%。纤维素是由许多葡萄糖结构单位以 β-1,4 糖苷键互相连接而成的。因此纤维素彻底水解的产物是葡萄糖。人的消化道中没有水解 β-1,4 糖苷键的纤维素的酶，所以人不能消化纤维素，但纤维素对人又是必不可少的，因为纤维素可促进肠胃蠕动，提高消化和排泄能力。

（三）糖原

糖原是动物组织内分布较多的一种多糖，其结构与植物淀粉类似，因而也叫动物淀粉。它是由多个葡萄糖结合而成的化合物，因而其水解可以得到葡萄糖。糖原遇碘显示红色。

第二节　脂

脂肪和类脂统称脂类，是维持生物体正常生命活动不可缺少的物质之一，也是机体新陈代谢的能量来源。脂类不溶于水，易溶于有机溶剂。油脂是油和脂肪的统称，从化学成分上来讲油脂都是高级脂肪酸与甘油形成的酯。油是高级不饱和脂肪酸甘油酯，脂肪是高级饱和脂肪酸甘油酯。类脂是广泛存在于生物组织中的天然大分子有机化合物，类脂不溶于水，易溶于乙醚、氯仿等非极性溶剂。常见的类脂化合物有油脂、磷脂等。

一、油脂

油脂和脂肪统称脂类。油脂是由一分子的甘油和三分子的高级脂肪酸组成的酯，其结构如下：

$$
\begin{array}{l}
CH_2-O-\overset{\displaystyle O}{\overset{\displaystyle \|}{C}}-R \\[2mm]
CH-O-\overset{\displaystyle O}{\overset{\displaystyle \|}{C}}-R' \\[2mm]
CH_2-O-\overset{\displaystyle O}{\overset{\displaystyle \|}{C}}-R''
\end{array}
$$

（一）物理性质

纯净的油脂是无色、无臭、无味的中性物质，天然的油脂往往因为混有杂质而带有特殊的气味和颜色。油脂比水轻，难溶于水，易溶于有机溶剂，没有恒定的熔点、沸点。

（二）化学性质

1. 水解反应

油脂在酸、碱或酯酶的作用下易发生水解反应，在酸性条件下生成一分子甘油和三分子高级脂肪酸。在碱性条件下可以完全水解，生成甘油和脂肪酸盐，将生成的高级脂肪酸钠盐称为肥皂，该反应为"皂化反应"。皂化 1g 油脂所需要的氢氧化钾的毫克数被称为皂化值。皂化值越大，油脂平均相对分子质量越小。皂化值是检验油脂质量的重要参数。

2. 加成反应

油脂分子中含有不饱和键，可以和氢气、卤素等发生加成反应。

1）加氢

油脂中的不饱和脂肪酸的双键可以在金属催化下加氢生成饱和脂肪酸。加氢后可以提高油脂的饱和度，使液态的油变为半固态或固态的脂肪，不易变质，有利于保存和运输。

2）加碘

油脂中的不饱和脂肪酸的双键可以与碘发生加成反应，100g 油脂所吸收碘的质量叫作碘值，碘值越大则油脂的不饱和程度越高。

3. 酸败

油脂在空气中长期放置，逐渐变质，产生难闻气味，这种变化过程叫作酸败。油脂酸败的程度一般用酸值来表示，中和 1g 油脂中的游离脂肪酸所需要氢氧化钾的质量称为油脂的酸值，酸值大于 6.0mg 的油脂一般不能食用。

二、磷脂

磷脂广泛存在于动物和微生物体内，以及植物的种子中。根据磷脂的组成和结构可将其分为磷酸甘油脂和神经鞘磷脂两类。磷脂可溶于水及某些有机溶剂，但不溶于丙酮。磷脂都能水解，分子中的不饱和键也可以发生加成反应、氧化反应等。

1. 磷酸甘油酯

磷酸甘油酯中最重要的是 α-脑磷脂和 α-卵磷脂。

1）α-脑磷脂

α-脑磷脂又叫磷脂酰乙醇胺，与血液凝结有关。α-脑磷脂不稳定，易吸收水分，在空气中被氧气氧化逐渐变为棕黄色物质。α-脑磷脂水解得到甘油、脂肪酸、磷酸和胆胺。

2）α-卵磷脂

α-卵磷脂又叫乙酯酰胆碱，理化性质与 α-脑磷脂相似，易吸水和被氧化成棕黑色物质。α-卵磷脂水解得到甘油、脂肪酸、磷酸和胆碱。

2. 神经鞘磷脂

神经鞘磷脂由磷酸、胆碱、脂肪酸和鞘氨醇组成，主要存在于动物大脑和神经组织中。神经鞘磷脂是白色晶体，在空气中不易被氧化，不溶于丙酮和乙醚，这是鞘磷脂与 α-脑磷脂和 α-卵磷脂的不同之处。

第三节　蛋　白　质

蛋白质都含有 C、H、O 和 N 元素，有些蛋白质还含有 S、P、Fe、I 等元素。各种蛋白质的含氮量十分接近，平均含量约为 16%。蛋白质经过酸、碱和蛋白酶作用会水解成各种氨基酸，氨基酸是组成蛋白质的基本结构单位。

一、氨基酸

1. 氨基酸的结构和种类

组成天然蛋白质的氨基酸主要有 20 种，除脯氨酸外，其他都是 α-氨基酸。

2. 氨基酸的分类

氨基酸按不同依据，可以有多种分类方法。

1）按 R 基团结构的不同来分，可分为七类

（1）脂肪族氨基酸：缬氨酸、异亮氨酸、亮氨酸、脯氨酸、丙氨酸、甘氨酸。

（2）芳香族氨基酸：苯丙氨酸、色氨酸、酪氨酸。

（3）含硫（S）氨基酸：甲硫氨酸（蛋氨酸）、半胱氨酸。

（4）含醇（-OH）氨基酸：丝氨酸、苏氨酸。

（5）碱性氨基酸：赖氨酸、精氨酸、组氨酸。

（6）酸性氨基酸：天冬氨酸、谷氨酸。

（7）酰胺氨基酸：天冬酰胺、谷氨酰胺。

2）根据人和动物体能否自身合成来分，可分为必需氨基酸和非必需氨基酸两大类

必需氨基酸：是指人和动物体必不可少，而自身又不能合成，必须从食物中补充的氨基酸。人体的必需氨基酸有 8 种，即缬氨酸、异亮氨酸、亮氨酸、苯丙氨酸、（甲硫氨酸蛋氨酸）、色氨酸、苏氨酸、赖氨酸。

非必需氨基酸也是人体必需的，只是人体自身能够在体内合成，当然也可以从食物中获取。

3. 氨基酸的理化性质

1）两性性质及等电点

氨基酸的氨基可接受质子形成阳离子显碱性，羧基可释放质子形成阴离子显酸性，这就是氨基酸的两性。

当氨基酸在某一 pH 溶液中所带的正电荷和负电荷相等，此时溶液的 pH 称为该氨基酸的等电点，用 pI 表示。

2）紫外吸收性质

人和动物的各种蛋白质中含有色氨酸、酪氨酸、苯丙氨酸等芳香族氨基酸，它们在 280nm 波长处具有特征吸收峰。可利用此法来定量测定蛋白质的含量。

3）α-氨基酸的化学性质

（1）茚三酮反应。茚三酮与 α-氨基酸在弱酸性溶液中共热，生成蓝紫色物质。该反应常用于对 α-氨基酸的定性和定量测定。

（2）桑格反应。pH 在 8～9 之间、室温条件下，氨基酸与 2,4-二硝基氟苯反应，生成黄色物质。此反应可以用来鉴定多肽或蛋白质的 N 末端氨基酸。

二、蛋白质

（一）分类

1. 按化学组成来分

简单蛋白：水解时只产生氨基酸的蛋白质。

结合蛋白：水解时不只产生氨基酸，还产生其他有机化合物或无机化合物的蛋白质。

2. 按构象来分

纤维蛋白：是动物结缔组织的基本结构成分。

球蛋白：是多种功能蛋白的成分。

（二）肽键和肽

1. 肽键

由一个氨基酸的 α-羧基与另一个氨基酸的 α-氨基脱水缩合而形成的酰胺键就是肽键，它是蛋白质分子中氨基酸的主要连接方式。

2. 肽

氨基酸之间通过肽键相互连接起来形成的化合物，称为肽。由 2 个氨基酸缩合而成的肽是二肽，由 3 个氨基酸缩合而成的肽是三肽，10 个以内的氨基酸形成的肽称为寡肽，10 个以上氨基酸形成的肽为多肽，蛋白质的结构就是多肽链结构。

（三）蛋白质的理化性质

1. 两性性质

蛋白质分子中具有游离的氨基和羧基，既能发生氨基接受质子，形成阳离子，显碱性，也能发生羧基释放质子，形成阴离子，显酸性。因而蛋白质也具有两性性质。

2. 等电点

蛋白质的带电情况，主要取决于溶液的酸度（pH）。当蛋白质在某一 pH 溶液中，为两性离子，所带正电荷和负电荷相等，即净电荷为零时，此时溶液的 pH 称为该蛋白质的等电点，用 pI 表示。

3. 紫外吸收性质

蛋白质中普遍含有芳香族氨基酸：酪氨酸、色氨酸及苯丙氨酸，它们在 280nm 波长处有特征吸收峰。因此含有这三种氨基酸的蛋白质在 280nm 波长处都有特征吸收峰。

4. 胶体性质

蛋白质溶液属于高分子胶体溶液，具有胶体溶液的性质，如：布朗运动、丁达尔现象、电泳现象、沉淀等。

5. 沉淀作用

蛋白质胶体溶液的稳定性决定于其表面的水化膜和电荷，当这两个因素遭到破坏以后，蛋白质溶液就会失去稳定性、凝聚、沉淀、析出，这种现象称为蛋白质的沉淀作用。

（1）盐析与盐溶

在蛋白质溶液中加入一定量的中性盐（如氯化钠、硫酸铵、硫酸钠等），使蛋白质溶解度降低并沉淀析出的现象，称为盐析。加入的中性盐破坏了蛋白质颗粒表面的水化膜，大量中和了蛋白质颗粒上的电荷，使蛋白质的溶解度下降而析出。

在蛋白质溶液中加入中性盐的浓度较低时，蛋白质的溶解度反而会增加，这种现象称为盐溶。

（2）有机溶剂沉淀

一些与水互溶的有机溶剂可以使溶液中的蛋白质产生沉淀而析出。此方法可用于分离和制备蛋白质，且使蛋白质的天然生物活性不被破坏。常用的有机溶剂有甲醇、乙醇、丙酮等。需要注意的是该沉淀反应在低温下进行，高温会破坏蛋白质的天然构象。

（3）重金属盐沉淀

用重金属盐与蛋白质结合，形成不溶解的蛋白质。该方法主要用在医疗卫生方面，如用稀汞消毒灭菌、及对口服重金属盐患者解毒等。

（4）生物碱试剂与某些酸类试剂沉淀

生物碱：是植物组织中具有显著生理作用的一类含氮的碱性物质，能够沉淀生物碱或能与生物碱作用产生颜色反应的试剂称为生物碱试剂，如单宁酸、苦味酸等，它们都能沉淀蛋白质。该方法常用于生化检验中，如啤酒生产工序中用啤酒花使麦芽汁澄清，以防成品啤酒产生蛋白质混浊等。

（5）加热沉淀

大部分球状蛋白质的溶解度在一定温度范围（30～40℃）内，随温度的升高而增加，若温度再升高，蛋白质会变性而沉淀。蛋白质的加热变性沉淀与其溶液的 pH 值有关，pH 值在等电点时最易沉淀，该方法可用在杂质蛋白的去除、加热灭菌等方面。

（四）变性与复性

1. 变性

蛋白质因受到某些物理或化学因素的影响，分子的空间结构被破坏，导致其理化性质改变并失去原有生物活性的现象，称为蛋白质的变性作用。变性后的蛋白质称为变性蛋白。

使蛋白质变性因素有物理和化学两方面的因素。物理因素有高温、紫外线、X射线、超声波、高压、剧烈搅拌、振荡等。化学因素有强酸、强碱、尿素、重金属、去污剂、浓乙醇、三氯乙酸、胍盐等。

2. 复性

变性程度低的蛋白质，在除去变性因素后，仍可全部或部分恢复蛋白质原有构象和生物活性的现象称为复性。

（五）呈色反应

蛋白质与某些试剂作用，产生相应的颜色反应称为蛋白质的呈色反应。这类反应可用于蛋白质的鉴定、定性检测和定量检测。

（1）双缩脲反应

双缩脲在碱性溶液中与硫酸铜作用，生成紫红色配合物的反应，称为双缩脲反应。凡是含有2个或2个以上肽键结构的化合物都可出现双缩脲反应现象。

（2）酚试剂反应

酚试剂又称福林试剂。蛋白质中酪氨酸的酚基能与酚试剂作用，生成钼蓝和钨蓝混合的蓝色化合物的反应。

（3）乙醛酸反应

先在色氨酸或含色氨酸的蛋白质溶液中加入乙醛酸，然后沿器壁慢慢注入浓硫酸，可见两液层之间有紫色环出现。

（4）乙酸铅反应

凡是含有半胱氨酸、胱氨酸的蛋白质都有二硫键（$-S-S-$）或巯基（$-SH$），都能与乙酸铅反应，生成黑色的硫化铅沉淀。

习　　题

1. 解释下列名词。

（1）蛋白质　　　　　（2）必需氨基酸　　　　　（3）等电点

（4）变性　　　　　　（5）肽键　　　　　　　　（6）复性

2. 简要回答下列问题。

（1）为什么氨基酸和蛋白质都具有两性电离和等电点的性质？

（2）误食重金属中毒，为什么可服用牛奶、鸡蛋清解毒？

（3）简述单糖、二糖和多糖在结构上有什么不同。

3. 用化学方法鉴别下列物质。

（1）氨基酸和蔗糖胺　　　　　（2）蛋白质和淀粉

（3）苯丙氨酸和谷氨酸　　　　　（4）甘氨酸和蛋白质

（5）葡萄糖和蔗糖　　　　　　（6）麦芽糖和淀粉

4. 蛋白质与下列物质发生反应时，各有什么现象？

（1）双缩脲　　　（2）酚试剂　　　（3）乙醛酸　　　（4）乙酸铅

第四部分　实验部分

实验一　化学实验规则与基本操作

【实验目的】

1. 了解实验规则。
2. 掌握常用托盘天平、电子分析天平、容量瓶、移液管的使用。

【实验用品】

仪器：托盘天平、电子分析天平、容量瓶、移液管、洗耳球、烧杯、胶头滴管、玻璃棒等。

试剂：氯化钠晶体、蒸馏水、自来水。

一、实验室规则

化学实验的目的是使学生掌握化学实验的基本操作技能，培养学生实事求是和严肃认真的科学态度，提高学生观察问题、分析问题和综合运用理论知识解决实际问题的能力，切实为农、林、牧、食品、药品等专业打下良好的基础。为此，学生必须遵守下列守则。

（1）实验前，学生必须了解实验室的各种安全设备及其使用方法，了解和掌握化学实验事故的预防和处理方法。

（2）认真预习有关实验内容，明确实验的目的要求，掌握实验原理、实验方法、实验步骤。

（3）实验中应保持实验室安静，实验中的废弃物和废液应妥善处理，应注意保护环境。

（4）严格遵守实验室的操作规程和步骤，并注意节约药品。

（5）实验中如有仪器损坏或发生意外事故应及时报告，请教师妥善处理。

（6）实验中对观察到的现象要认真如实记录，并对实验结果认真分析。

（7）实验完毕，必须清点仪器，摆放整齐，做好清扫工作，关好门、窗，切断电源等，经同意后方可离开实验室。

（8）实验室内物品一律不得私自带出室外，损坏丢失仪器应立即报告教师。

（9）实验后，根据实验记录，按要求及时完成实验报告。

二、实验中的文字表达

1. 实验预习

预习是实验成功的关键之一，实验前要认真预习实验教材，要明确实验目的和原理，了解实验步骤，对涉及的疑点应随时查阅有关资料，做到心中有数。

实验前可以先写好实验报告中的部分内容，包括实验目的、原理、步骤和仪器，标出操作中关键步骤，并留出相应表格和空格，用来记录实验现象及数据。

2. 实验记录

化学实验记录包括现象记录、数据记录和问题记录。记录时要做到客观、真实、及时和规范。要养成边做实验边在专用本子上记录的好习惯，不能随意用零散纸记录。遇到反常现象时，要实事求是地记录下来，以利于分析原因。原始记录如果写错可以用笔画去，但不能随意涂改。实验完毕，应将实验记录交给老师检查。

3. 实验报告的书写格式

实验的最后一项工作，是实验总结，是一个把感性认识上升到理性认识的重要环节，对培养学生的分析归纳能力、书写能力具有重要的作用。

【实验内容与步骤】

（一）分别用托盘天平、电子分析天平称取 3.2g 的 NaCl

1. 托盘天平的使用

托盘天平用于粗称或准确度不高的称量，一般称准至 0.1～0.5g，由底座、托盘架、托盘、标尺、平衡螺母、指针、分度盘、游码、砝码等组成。使用方法如下。

1）放水平：把托盘天平放在水平台上，用镊子将游码拨至标尺左端的零刻线处。

2）调平衡：调节横梁右端的平衡螺母（若指针指在分度盘的左侧，应将平衡螺母向右调，反之，将平衡螺母向左调），使指针指在分度盘中线处，此时横梁平衡。

3）称量：将被测量的物体放在左盘，估计被测物体的质量后，用镊子向右盘里按由大到小的顺序加减适当的砝码，并适当移动标尺上游码的位置，直到横梁恢复平衡。

4）读数：托盘天平平衡时，左盘被测物体的质量等于右盘中所有砝码的质量加上游码对应的刻度值。

5）整理：测量结束要用镊子将砝码夹回砝码盒，并整理器材，恢复到原来的状态。

2. 电子分析天平的使用

电子分析天平是较为先进的分析天平，可以精确地称量到 0.1mg，称量简便迅速，其操作方法如下。

1）查看水平仪，如不水平，通过水平调节脚调至水平。

2）称量。

（1）直接称量和固定称量。对于一些性质稳定、不污染天平的称量物，如金属、表面皿等，称量时直接将其放在托盘天平盘上称其质量。一些在空气中无吸湿性的试样或试剂，可放在洁净干燥的小表面皿或小烧杯中，一次称取一定质量的试样。对于一些在空气中性质稳定而又要求称量某一固定质量的试样，常采用固定称量法。先称出洁净干燥的容器（如小表面皿或小烧杯等）的质量，然后加入固定质量的砝码，再用角匙将略少于指定质量的试样加入容器中，待天平接近平衡时，轻轻振动角匙，使试样落入容器中，直到托盘天平平衡，即可得到所需固定质量的试样。例如，用小烧杯称取试样时，将洁净干燥的小烧杯放在秤盘中央，关闭侧门，显示数字稳定后，按 TAR 键，显示即恢复为零，开启侧门，缓缓加入试样至显示出所需样品的质量时，关闭侧门，显示数字稳定后，直接记录所称试样的质量。

（2）差减称量。称取试样的质量只要求在一定质量范围内时，可采用差减称量法。此方法适用于连续称取多份易吸水、易氧化或易与二氧化碳反应的物质。将适量试样装入洁净干燥的称量瓶中，先在托盘秤上粗称其质量，然后在电子分析天平上准确称量，其质量为 m_1。一只手用洁净的纸条套住称量瓶取出，举在要放试样的容器（小烧杯或锥形瓶）上方，另一只手用小纸片夹住瓶盖，打开瓶盖，将称量瓶一边缓慢地向下倾斜，一边用瓶盖轻轻敲击瓶口，使试样缓慢落入容器中。当倾出的试样接近所要求的质量时，慢慢将称量瓶竖起，同时轻敲瓶口上部，使黏附在瓶口的试样落回瓶内，盖好瓶盖，再将称量瓶放回天平上称量，此时称得的准确质量为 m_2。两次质量之差（m_2-m_1）即为所称试样的质量。按上述方法可连续秤取几份试样。例如，称取 3 份 0.2～0.3g 的药品，先在托盘天平上称量约 0.9g，然后放入秤盘中央，关闭侧门，显示数字后，记录其准确质量为 m_1，按上述差减称量法可连续秤取几份试样。

（二）用自来水练习容量瓶的使用

容量瓶是一个带有磨口玻璃塞、细颈梨形平底的容器。容量瓶由棕色或无色玻璃制成，瓶颈上有标线，表示在所指温度下（一般为 20℃）当液体凹液面与标线相切时，瓶内溶液体积恰好与瓶上所标注的体积相等。容量瓶通常用于直接法配制准确浓度的溶液或稀释溶液，通常有 5mL、10mL、25mL、50mL、100mL、250mL、500mL、1000mL 等规格（见图 1-1）。

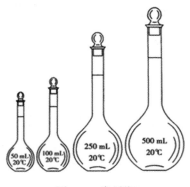

图 1-1　容量瓶

1. 容量瓶的使用方法

配制一定浓度的溶液时，先检查瓶塞处是否漏水。把准确称量好的固体溶质溶解在烧杯中，然后用玻璃棒引流，缓慢将液体转移到容量瓶中，转入完毕后，仔细用洗瓶冲洗玻璃棒、烧杯及容量瓶颈内壁多次（一般为 3 次），将洗涤液全部转移到容量瓶中。往容量瓶中加水，当加入液体的液面离标线 1cm 左右时，改用滴管小心滴加，最后使液体的凹液面与标线相切，盖紧瓶塞，用倒转和摇动的方法使瓶内的液体混合均匀即可（见图 1-2）。

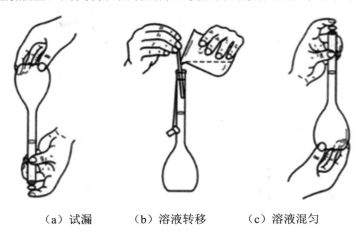

（a）试漏　　　（b）溶液转移　　　（c）溶液混匀

图 1-2　容量瓶的使用

2. 使用容量瓶时要注意以下几点

（1）检查容量瓶的容积与所要求的是否一致。

（2）使用之前先检查密闭性，容量瓶瓶口是否严密，不漏水。在容量瓶中注入适量水，塞上瓶塞，食指顶住瓶塞，另一只手托住瓶底，倒立 2min，用干滤纸片沿瓶口缝处检查，看有无水珠渗出。如不漏水，把塞子旋转 180°，塞紧，倒置，再次检查是否漏水。

（3）不能在容量瓶内进行溶质的溶解。

（4）容量瓶不能进行加热。

（5）对容量瓶有腐蚀作用的溶液，尤其是碱溶液，不可长久存放于容量瓶中。

（三）用自来水练习移液管的使用

移液管是一种量出式仪器（见图 1-3），只用来测量它所放出溶液的体积。它是一根细长的玻璃管，其下端为尖嘴状，上端管颈处刻有一条标线，是所移取的准确体积的标志。常用的移液管有 5mL、10mL、25mL 和 50mL 等规格。通常又把具有刻度的直形玻璃管称为吸量管。常用的吸量管有 1mL、2mL、5mL 和 10mL 等规格。移液管和吸量管所移取的体积通常可精确到 0.01mL。

（1）使用前：使用移液管，首先要看一下移液管标记、精确度等级、刻度标线位置等。使用移液管前，应先用铬酸洗液润洗，以除去管内壁的油污。然后用自来水冲洗残留的洗液，再用蒸馏水洗净。洗净后的移液管内壁应不挂水珠。移取溶液前，应先用滤纸将移液管末端内外的水吸干，然后用待移取的溶液润洗管壁 2～3 次，以确保所移取溶液的浓度不变。

（2）吸液：用拇指和中指捏住移液管的上端，将管的下口插入待吸取的溶液中，插入不要太浅或太深，一般为 10～20mm 处，太浅会产生吸空，把溶液吸到洗耳球内弄脏溶液，太深又会使管外黏附溶液过多。左手拿洗耳球，先把球中空气压出，再将球的尖嘴接在移液管上口，慢慢松开压扁的洗耳球使溶液吸入管内，使液面超过所需体积（见图 1-4（a））。

（3）调节液面：将移液管向上提升离开液面，管的末端仍靠在盛溶液器皿的内壁上，管身保持直立，用左手轻轻旋转移液管，使管内溶液慢慢从下口流出，直至溶液的弯月面底部与标线相切，立即用食指压紧管口。将尖端的液滴靠壁去掉，移出移液管，插入盛装溶液的器皿中。

（4）放出溶液：承接溶液的器皿如果是锥形瓶，应使锥形瓶倾斜 30°，移液管直立，管下端紧靠锥形瓶内壁，稍松开食指，让溶液沿瓶壁慢慢流下，全部溶液流完后需等 15s 后再拿出移液管，以便使附着在管壁上的部分溶液得以流出。如果移液管未标明"吹"字，则残留在管尖末端内的溶液不可吹出，因为移液管所标定的量出容积中并未包括这部分残留溶液（见图 1-4（b））。

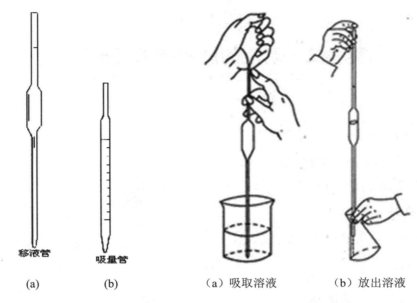

(a)	(b)

图 1-3　移液管和吸量管

（a）吸取溶液　　　（b）放出溶液

图 1-4　移液管的取液和放液

【思考题】

1. 分析天平在读数中为什么要关闭窗门？

2. 容量瓶的瓶塞可以互换吗？

实验二 溶液的配制技术（一）

【实验目的】

1. 初步学会不同组成溶液的配制技术；
2. 养成理论联系实际以及独立计算、独立操作的能力。

【实验原理】

实际应用中溶液组成有多种表示方法。

1. 质量分数 $=\dfrac{溶质B的质量}{溶液的质量}$ $\omega_B = m_B/m$

2. 体积分数 $=\dfrac{溶质体积}{溶液体积}$ $\varphi_B = V_B/V$

3. 质量浓度（g/L）$=\dfrac{溶质B的质量}{溶液的质量}$ $\rho_B = m_B/V$

【实验用品】

仪器：托盘天平、烧杯（100mL 和 250mL 各一个）、玻璃棒、药匙、量筒（10mL 和 50mL 各一个）、胶头滴管、容量瓶（100mL）。

试剂：NaCl 固体、葡萄糖固体、医用酒精（95%）、蒸馏水。

【实验内容与步骤】

1. 配制 100g 质量分数 $\omega_{NaCl}=2\%$ 的 NaCl 溶液

（1）计算：计算出配制 100g $\omega_{NaCl}=2\%$ 的 NaCl 溶液所需的 NaCl 的质量 m。

（2）称量：在托盘天平左、右托盘上各放一张大小、厚度均相同的洁净光滑的纸片，称量出所计算的 NaCl 质量。

（3）溶解：将称取的 NaCl 倒入小烧杯中，往烧杯中加入（$100-m$）mL 蒸馏水，用玻璃棒搅拌，使其溶解。

注：在常温下，蒸馏水的密度 $\rho \approx 1\text{g}/\text{mL}$，故（$100-m$）g $\approx$（$100-m$）mL。

（4）混匀。

（5）装瓶（贴标签）。

2. 将 20mL 医用酒精（$\varphi_{酒精}=95\%$）配制成消毒酒精（$\varphi_{酒精}=75\%$）

（1）计算：计算出配制消毒酒精（$\varphi_B=75\%$）的体积和所需蒸馏水的体积。

根据 溶质体积 = 溶液体积×体积分数，即 $V_{酒精}=V \times \varphi_{酒精}$

因溶液稀释前后溶质的体积不变，得到：$V(浓) \times \varphi_B(浓)=V(稀) \times \varphi_B(稀)$

则 V（稀）= V(浓)× φ_B(浓)/ φ_B(稀)

V(蒸馏水)= V(稀)-V(浓)

（2）量取：先用量筒量取 20 mL 医用酒精倒入烧杯中，再量取所需体积的蒸馏水倒入烧杯中。

（3）混匀。

（4）装瓶（贴标签）。

3. 配制 50g/L 的葡萄糖注射液 100mL

（1）计算：计算出配制 100mL50g/L 葡萄糖注射液所需葡萄糖的质量。

（2）称量：用小烧杯在分析天平上称量出所计算葡萄糖的质量。

（3）溶解：向烧杯中加入适量的蒸馏水，用玻璃棒搅拌，使其溶解。

（4）转移（引流）：将烧杯中的溶液，沿玻璃棒小心注入所需体积的容量瓶中，用少量蒸馏水（5~10mL）洗涤烧杯内壁及玻璃棒 2~3 次，并将洗涤的液体全部转移到容量瓶中。

（5）定容：继续将少量蒸馏水沿瓶颈注入容量瓶中，直到液面距刻度线约 1cm 处时，改用胶头滴管缓慢滴加蒸馏水至凹液面最低处正好与刻度相切。

（6）摇匀。

（7）装瓶（贴标签）。

【思考题】

指出实际操作中的规范性，找出整个过程中今后还需要完善及改进的方面。

实验三　溶液的配制技术（二）

【实验目的】

1. 加深对溶液配制方法的认识。

2. 基本掌握配制一定物质的量浓度溶液的方法。

【实验原理】

1. 物质的量浓度　　$c_B = \dfrac{n_B}{V}$　　可换算为：$n_B = c_B \times V$　　$m_B = n_B \times M_B$

2. 稀释前溶液浓度×稀释前溶液体积 ＝ 稀释后溶液浓度×稀释后溶液体积

即 $n = c$（浓）$\cdot V$（浓）$= c$（稀）$\cdot V$(稀)　或者 $c_1 \cdot V_1 = c_2 \cdot V_2$

（注：式中 c（浓）和 c（稀）可以是 c_B、ρ_B 或 φ_B）

【实验用品】

仪器：托盘天平、烧杯（100mL 和 250mL 各一个）、玻璃棒、药匙、量筒（10mL 和 50mL 各一个）、胶头滴管、容量瓶（100mL 和 250mL 各一个）。

试剂：NaOH 固体、$\omega_{HCl}=0.375$ 的浓盐酸、蒸馏水。

【实验内容与步骤】

1. 配制 250mL 物质的量浓度为 0.2mol/L 的 NaOH 溶液

（1）计算：计算出配制物质的量浓度为 0.2mol/L 的 NaOH 溶液所需 NaOH 的质量。

（2）称量：在托盘天平上称量出所计算 NaOH 的质量。

（3）溶解：往烧杯中加入适量的蒸馏水，用玻璃棒搅拌，使其溶解，并冷却至室温。

（4）转移：将烧杯中的溶液，沿玻璃棒小心注入所需体积的容量瓶中，用少量的蒸馏水（5～10mL）洗涤烧杯内壁及玻璃棒 2～3 次，并将洗涤后的液体全部转移到容量瓶中。

（5）定容：继续将少量蒸馏水沿瓶颈注入容量瓶中，直到液面距刻度约 1cm 处时，改用胶头滴管缓慢滴加蒸馏水至凹液面最低处正好与刻度相切。

（6）摇匀：将容量瓶塞盖好，一手紧压瓶塞，另一手握住瓶底，上下反复颠倒，使溶液混合均匀，即配制成 250ml 物质的量浓度为 0.2mol/L 的 NaOH 溶液（见图 3-1）。

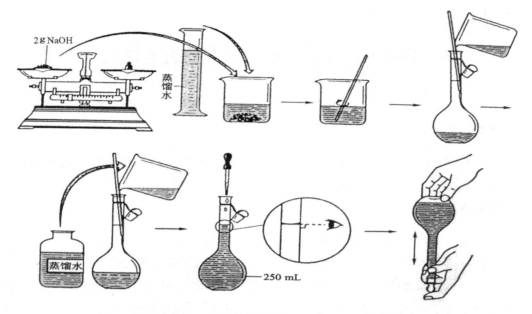

图 3-1　配制 250 mL 物质的量浓度为 0.2 mol/LNaOH 溶液

2. 配制 100 mL 物质的量浓度为 0.2 mol / L 的盐酸溶液

（1）计算：根据浓盐酸的密度（1.19g / mL）和质量分数（0.37），计算出物质的量浓度为 0.2mol / L 的盐酸溶液所需浓盐酸的体积。

（2）量取浓盐酸：用吸量管量取所需的浓盐酸，沿玻璃棒注入已加入少量蒸馏水的烧杯中。并用少量蒸馏水将量筒洗涤两次，将洗涤液沿玻璃棒注入烧杯。

（3）搅匀：用玻璃棒将烧杯中的溶液缓慢搅动，使溶液混合均匀。

（4）转移、（5）定容、（6）摇匀都按照图 3-1 的操作步骤进行。即配制成 100mL 物质的量浓度为 0.2mol / L 的盐酸溶液。

【思考题】

容量瓶配制溶液时，由于不慎使溶液的弯月面低于或高于刻度，将造成什么影响？

实验四　常见非金属离子的定性检验

【实验目的】

1. 掌握 OH^-、Cl^-、I^-、SO_4^{2-}、NO_3^-、PO_4^{3-}、CO_3^{2-}、S^{2-} 等常见阴离子的检验方法；
2. 提高观察现象和分析问题的能力。

【实验用品】

仪器：小试管、白瓷板、滴管、玻璃棒、酒精灯。

试剂：酚酞试液、红色石蕊试液或试纸、$0.1mol \cdot L^{-1}$ 的 $AgNO_3$、$2mol \cdot L^{-1}$ 的 HNO_3、浓 $NH_3 \cdot H_2O$、新制氯水、淀粉溶液、稀盐酸、稀硝酸、稀硫酸、$0.5mol \cdot L^{-1}$ 的 $BaCl_2$ 或 $Ba(NO_3)_2$、浓 H_2SO_4、澄清石灰水、铜片、$0.5mol \cdot L^{-1}FeSO_4$ 或 $FeSO_4$ 晶体、钼酸铵溶液、浓盐酸、$0.1mol \cdot L^{-1}$ 的 $SnCl_2$、$Pb(NO_3)_2$ 溶液、含有上述各种离子的试样溶液。

【实验内容与步骤】

1. 氢氧根离子(OH^-)的检验

取 3～5 滴试样或试液加入白瓷板的凹穴中。

方法一：加入 2 滴无色酚酞试液，溶液变红，表示有 OH^- 存在（溶液呈碱性）。

方法二：加入 2 滴红色石蕊试液（或红色石蕊试纸），试液（纸）变蓝色，表示有 OH^- 存在。

2. 氯离子（Cl^-）的检验

取 1 支干净试管，加入 2mL 试样后，滴入 5～6 滴 $0.1mol \cdot L^{-1}$ 的 $AgNO_3$ 溶液，振荡，有白色沉淀生成，再加入 $2mol \cdot L^{-1}$ 的 HNO_3 溶液 2～4 滴后振荡，无变化，最后加入浓 $NH_3 \cdot H_2O$ 数滴，白色沉淀溶解，表示有 Cl^- 存在。离子方程式为：

$$Ag^+ + Cl^- = AgCl\downarrow（白色）$$

3. 碘离子（I^-）的检验

取 2 支干净试管，分别加入 1～2mL 试样。

方法一：第 1 支试管中，滴入 5～6 滴 $0.1mol \cdot L^{-1}$ 的 $AgNO_3$ 溶液，振荡，有黄色沉淀生成，再加入 $2mol \cdot L^{-1}$ 的 HNO_3 溶液 2～4 滴后振荡，无变化，最后加入浓 $NH_3 \cdot H_2O$ 数滴，黄色沉淀不溶解，表示有 I^- 存在。离子方程式为：

$$Ag^+ + I^- = AgI\downarrow（黄色）$$

方法二：第 2 支试管中，加入 3～4 滴淀粉溶液后摇匀，加入 1mL 新制氯水，振荡，溶液变蓝，表示有 I⁻ 存在。

离子方程式为：$2I^- + Cl_2 = 2Cl^- + I_2$（$I_2$ 遇到淀粉溶液显蓝色）

4. 硫酸根离子 SO_4^{2-} 的检验

取 1 支干净试管，加入 1～2mL 试样后，加入 5 滴 $BaCl_2$ 或 $Ba(NO_3)_2$ 溶液，有白色沉淀生成，再加入稀盐酸或稀硝酸数滴，沉淀不溶解，表示有 SO_4^{2-} 存在。

离子方程式为：$Ba^{2+} + SO_4^{2-} = BaSO_4\downarrow$（白色）

5. 硝酸根离子（NO_3^-）的检验

取 2 支干净试管，分别加入 1～2ml 试样。

方法一：第 1 支试管中，加入 5～6 滴浓 H_2SO_4 和 1 小块铜片，小火加热，有红棕色刺激性气体产生，溶液变为蓝色，表示有 NO_3^- 存在。

离子方程式为：$Cu + 2NO_3^- + 4H^+ \Longrightarrow Cu^{2+}$（蓝色）$+ 2NO_2\uparrow$（红棕色）$+ 2H_2O$

方法二（棕色环法）：第 2 支试管中，加入 10～15 滴 $0.5mol \cdot L^{-1}$ 的 $FeSO_4$ 溶液或少许 $FeSO_4$ 晶体，摇匀，再沿着管壁慢慢滴入 1～2mL 浓硫酸，在试管底部形成上下两层，两层液体界面上有一棕色环，表示有 NO_3^- 存在。

离子方程式为：$NO_3^- + 3Fe^{2+} + 4H^+ \Longrightarrow 3Fe^{3+} + NO\uparrow + 2H_2O$

$Fe^{2+} + 6NO \Longrightarrow [Fe(NO)_6]^{2+}$（棕色），称为六亚硝基合铁（Ⅱ）离子

6. 磷酸根离子（PO_4^{3-}）的检验

取 3 支干净试管，分别加入 1～2mL 试样。

方法一：第 1 支试管中，滴入 5～6 滴 $0.1mol \cdot L^{-1}$ 的 $AgNO_3$ 溶液，振荡，有黄色沉淀生成，再加入稀硝酸数滴，沉淀溶解，表示有 PO_4^{3-} 存在。离子方程式为：

$$3Ag^+ + PO_4^{3-} \Longrightarrow Ag_3PO_4\downarrow（黄色）$$
$$Ag_3PO_4 + 3H^+ \Longrightarrow 3Ag^+ + H_3PO_4$$

方法二：第 2 支试管中，加入 5 滴 $BaCl_2$ 溶液，有白色沉淀出现，再加稀盐酸数滴，沉淀溶解，表示有 PO_4^{3-} 存在。离子方程式为：

$$3Ba^{2+} + 2PO_4^{3-} \Longrightarrow Ba_3(PO_4)_2\downarrow（白色）$$
$$Ba_3(PO_4)_2 + 4H^+ \Longrightarrow 3Ba^{2+} + 2H_2PO_4^-$$

方法三（又叫钼蓝法）：第 3 支试管中，加入 2ml 钼酸铵 $[(NH_4)_2MoO_4]$ 溶液，并加入 2 滴浓盐酸酸化，再加入 4～5 滴 $0.1mol \cdot L^{-1}$ 的 $SnCl_2$ 溶液（或 $SnCl_2$ 甘油溶液），溶液变为蓝色（生成磷钼蓝），表示有 PO_4^{3-} 存在。

7. 碳酸根离子（CO_3^{2-}）的检验

取 2 支干净试管，分别加入 1～2mL 试样。

方法一：加入 5 滴 $BaCl_2$ 溶液，有白色沉淀生成，再加入稀盐酸数滴，沉淀溶解，并放出无色无味的气体，表示有 CO_3^{2-} 存在。离子方程式为：

$$Ba^{2+} + CO_3^{2-} =\!=\!= BaCO_3\downarrow（白色）$$
$$BaCO_3 + 2H^+ =\!=\!= Ba^{2+} + CO_2\uparrow + H_2O$$

方法二：第 2 支试管上配一插有导管的塞子，在试管中加入 1mL 稀盐酸后，立即塞上塞子，并将导管插入准备好的澄清石灰水中，若石灰水变混浊，表示有 CO_3^{2-} 存在。

$$2H^+ + CO_3^{2-} =\!=\!= H_2O + CO_2\uparrow$$

离子方程式为：$Ca(OH)_2 + CO_2 =\!=\!= CaCO_3\downarrow + H_2O$

8. 硫离子 S^{2-} 的检验

取 2 支干净试管，分别加入 1～2mL 试样。

方法一：第 1 支试管中，加入 15 滴稀硫酸，有无色、臭鸡蛋气味的气体产生，表示有 S^{2-} 存在。离子方程式为：$S^{2-} + 2H^+ =\!=\!= H_2S\uparrow$

方法二：第 2 支试管中，加入硝酸铅 $Pb(NO_3)_2$ 溶液几滴，有黑色沉淀产生，表示有 S^{2-} 存在。离子方程式为：$S^{2-} + Pb^{2+} =\!=\!= PbS\downarrow$(黑色)

其他阴离子的检验可参考有关资料。

【实验报告】

根据上述原理和用品及材料，选择合适的方法，分别鉴定各种常见阴离子。

实验现象的记录与结论：

试 样	检验方法	实验现象	结 论

【思考题】

SO_4^{2-} 和 SO_3^{2-} 都能与 Ba^{2+} 作用生成白色沉淀，为什么 $BaSO_4$ 不溶于稀盐酸，而 $BaSO_3$ 能溶于稀盐酸？

实验五　常见金属阳离子的定性检验

【实验目的】

1. 掌握 K^+、Na^+、Ca^{2+}、Mg^{2+}、Ba^{2+}、Cu^{2+}、Fe^{3+}、Fe^{2+}、Ag^+、Al^{3+}、NH_4^+等常见阳离子的检验方法。

2. 提高观察现象和分析问题的能力。

【实验原理】

检验阳离子可采用加碱生成各种不同颜色和性质的氢氧化物的方法。如：

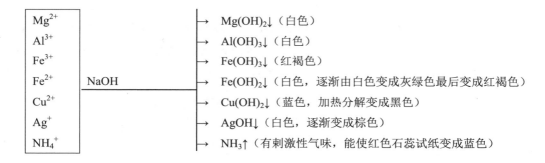

当有些阳离子与碱不发生明显的化学变化时，就需要使用一些特殊的试剂来鉴别，如 Ba^{2+}一般是用加硫酸盐溶液生成白色沉淀的方法。而碱金属和碱土金属离子较简单的鉴定方法是焰色反应（金属单质及化合物能使火焰呈现不同颜色的检验方法称为焰色反应）。

【实验用品】

仪器：小试管、试管夹、白瓷板、滴管、玻璃棒、酒精灯、金属丝、蓝色钴玻璃、蓝色石蕊试纸、红色石蕊试纸。

试剂：甲基橙试液、四苯硼钠试液、饱和草酸铵溶液、浓 $NH_3 \cdot H_2O$、稀 $NH_3 \cdot H_2O$、$0.1\text{mol} \cdot L^{-1}$ 硫氰化钾（KSCN）溶液、稀盐酸、稀醋酸、稀硫酸或硫酸盐溶液、$0.1\text{mol} \cdot L^{-1}$ 的 NaOH、$0.1\text{mol} \cdot L^{-1}$ 铁氰化钾（赤血盐）溶液、含有下述各种离子的试样溶液。

【实验内容与步骤】

1. H^+ 的检验

取 3 滴试液加入白瓷板的凹穴中。

方法一：加入 1 滴紫色石蕊试液（或蓝色石蕊试纸），试液（纸）变红，表示有 H^+存在。

方法二：加入 1 滴甲基橙试液，试液变红，表示有 H^+存在（溶液呈酸性）。

2. 钠离子（Na⁺）的检验（焰色反应）

把一金属丝洗干净烧热，蘸取被测试液（或晶体）在酒精灯外焰上灼烧，火焰呈黄色，表示有 Na^+ 存在。

3. 钾离子（K⁺）的检验

方法一：取一支干净小试管，加入 1mL 试样后，滴入 2～3 滴四苯硼钠试液，有白色沉淀生成，表示有 K^+ 存在。离子方程式为：

$$K^+ + Na[B(C_6H_5)_4] = K[B(C_6H_5)_4]\downarrow（白色）+ Na^+$$

方法二（焰色反应）：把一金属丝洗干净烧热，蘸取被测试液（或晶体）在酒精灯外焰上灼烧，透过蓝色钴玻璃观察，火焰呈紫色，表示有 K^+ 存在。

4. 钙离子（Ca²⁺）的检验

方法一（焰色反应）：把一金属丝洗干净烧热，蘸取被测试液（或晶体）在酒精灯外焰上灼烧，火焰呈砖红色，示有 Ca^{2+} 存在。

方法二：取一支干净小试管，加入 1mL 试样后，加入 1mL 饱和草酸铵溶液，有白色沉淀生成，将沉淀分成两份，分别滴入稀盐酸和稀醋酸，加入盐酸时沉淀溶解；加入醋酸时沉淀不溶解，表示有 Ca^{2+} 存在。离子方程式为：

$$Ca^{2+} + C_2O_4^{2-}（草酸根）= CaC_2O_4\downarrow（白色）$$
$$CaC_2O_4 + 2H^+（盐酸）= Ca^{2+} + H_2C_2O_4$$

5. 钡离子（Ba²⁺）的检验

方法一（焰色反应）：把一金属丝洗干净烧热，蘸取被测试液（或晶体）在酒精灯外焰上灼烧，火焰呈绿色，表示有 Ba^{2+} 存在。

方法二：取一支干净小试管，加入 1mL 试样后，滴入 2～3 滴稀硫酸或硫酸盐溶液，有白色沉淀生成，再加入稀硝酸数滴，沉淀不溶解，表示有 Ba^{2+} 存在。离子方程式为：

$$Ba^{2+} + SO_4^{2-} = BaSO_4\downarrow（白色）$$

6. 镁离子（Mg²⁺）的检验

取一支干净试管，加入 1mL 试样后，滴入稀 NaOH 溶液，有白色沉淀生成，再加入过量的 NaOH 溶液时，沉淀不溶解，表示有 Mg^{2+} 存在。离子方程式为：

$$Mg^{2+} + 2OH^- = Mg(OH)_2\downarrow（白色）$$

7. 铝离子（Al³⁺）的检验

取一支干净试管，加入 1mL 试样后，逐滴加入稀 NaOH 溶液，有白色絮状沉淀生成，再继续加入过量的 NaOH 溶液时，沉淀发生溶解，表示有 Al^{3+} 存在。离子方程式为：

$$Al^{3+} + 3OH^- = Al(OH)_3\downarrow（白色）$$

$$Al(OH)_3 + OH^- = AlO_2^- + 2H_2O$$

8. 亚铁离子（Fe^{2+}）的检验

取 2 支干净试管，分别加入 1mL 试样。

方法一：第 1 支试管中，滴入 NaOH 溶液，有白色沉淀生成，且沉淀迅速变为灰绿色，最后变成红褐色，表示有 Fe^{2+} 存在。离子方程式为：

$$Fe^{2+} + 2OH^- = Fe(OH)_2\downarrow（白色）$$
$$4\,Fe(OH)_2 + O_2 + 2H_2O = 4\,Fe(OH)_3\downarrow（红褐色）$$

方法二：第 2 支试管中，滴入铁氰化钾（赤血盐）溶液，有蓝色沉淀生成，表示有 Fe^{2+} 存在。离子方程式为：

$$3Fe^{2+} + 2[Fe(CN)_6]^{3-} = Fe_3[Fe(CN)_6]_2\downarrow（深蓝色）$$

9. 铁离子（Fe^{3+}）的检验

取 2 支干净试管，分别加入 1mL 试样。

方法一：第 1 支试管中，滴入 NaOH 溶液数滴，有红褐色沉淀生成，表示有 Fe^{3+} 存在。离子方程式为：

$$Fe^{3+} + 3OH^- = Fe(OH)_3\downarrow（红褐色）$$

方法二：第 2 支试管中，滴入几滴硫氰化钾（或硫氰化铵）溶液，溶液呈血红色，表示有 Fe^{3+} 存在。离子方程式为：

$$Fe^{3+} + 3SCN^- = Fe(SCN)_3（血红色）$$

10. 铜离子（Cu^{2+}）的检验

取 2 支干净试管，分别加入 1mL 试样。

方法一：第 1 支试管中，滴入 NaOH 溶液，有蓝色絮状沉淀生成，加热后沉淀变为黑色，表示有 Cu^{2+} 存在。离子方程式为：

$$Cu^{2+} + 2OH^- = Cu(OH)_2\downarrow（蓝色）$$
$$Cu(OH)_2 \xrightarrow{\triangle} CuO\downarrow（黑色）+ H_2O$$

方法二：第 2 支试管中，滴入浓氨水，有蓝色沉淀生成，继续加入过量浓氨水时，沉淀发生溶解，变为深蓝色溶液，表示有 Cu^{2+} 存在。离子方程式为：

$$Cu^{2+} + 2NH_3 \cdot H_2O = Cu(OH)_2\downarrow（蓝色）+ 2NH_4^+$$
$$Cu(OH)_2 + 4NH_3 \cdot H_2O = [Cu(NH_3)_4]^{2+}（深蓝）+ 2OH^- + 4H_2O$$

11. 银离子（Ag^+）的检验

取 2 支干净试管，分别加入 1mL 试样。

方法一：第 1 支试管中，滴入稀盐酸，有白色沉淀生成，再加入浓氨水时，沉淀溶解。表示有 Ag^+ 存在。离子方程式为：

$$Ag^+ + Cl^- \Longrightarrow AgCl\downarrow（白色）$$
$$AgCl + 2NH_3 \cdot H_2O \Longrightarrow [Ag(NH_3)_2]^+ + Cl^- + H_2O$$

方法二：第 2 支试管中，滴入 NaOH 溶液，有白色沉淀生成，且沉淀迅速变为棕色，再滴入浓 $NH_3 \cdot H_2O$ 时，沉淀溶解，表示有 Ag^+ 存在。离子方程式为：

$$Ag^+ + OH^- \Longrightarrow AgOH\downarrow（白色）$$
$$2AgOH \Longrightarrow Ag_2O\downarrow（棕色）+ H_2O$$
$$AgOH + 2NH_3 \cdot H_2O \Longrightarrow [Ag(NH_3)_2]^+（无色）+ OH^- + 2H_2O$$

12. 铵根离子（NH_4^+）的检验

取 1 支干净试管，加入 1mL 试样，滴入 NaOH 溶液，用酒精灯加热，有无色刺激性气味气体产生，此气体能使湿润的红色石蕊试纸变蓝，表示有 NH_4^+ 存在。离子方程式为：

$$NH_4^+ + OH^- \Longrightarrow NH_3\uparrow + H_2O$$

【实验报告】

根据上述原理和用品及材料，选择合适的方法，分别鉴定各种常见阳离子。实验现象的记录与结论：

试 样	检验方法	实验现象	结 论

【思考题】

用 $FeSO_4$ 代替 $FeCl_3$ 与 KSCN 反应，结果怎样？再向其中加入 NaOH 溶液，将有什么变化？解释其原因。

实验六　滴定分析仪器的洗涤和使用练习

【实验目的】

1. 学会滴定管、移液管、吸量管、锥形瓶的使用和洗涤。

2. 初步掌握滴定操作技术。

【实验用品】

仪器：50mL 酸式滴定管和碱式滴定管各 1 支、25mL 移液管 1 支、10mL 吸量管 1 支、250mL 锥形瓶 3 只、烧杯（100mL、250mL 各 1 个）、洗耳球 1 个、滴定架 1 副、洗瓶 1 个。

试剂：凡士林、0.1mol·L^{-1} HCl 溶液、0.1mol·L^{-1} NaOH 溶液、甲基橙指示剂、酚酞指示剂。

【实验内容与步骤】

（一）仪器使用基本练习

1. 容量瓶：用自来水练习容量瓶的试漏、洗涤、转移、定容和摇匀操作。

2. 移液管（吸量管）：用自来水反复练习移液管（吸量管）的洗涤、移液、放液操作。

3. 滴定管：练习滴定管的涂油，并用自来水练习滴定管试漏、润洗、装溶液、排气泡、读数及对液流控制的操作。

4. 分别用锥形瓶和烧杯练习滴定过程中的两手配合操作。

（二）溶液滴定练习

1. 用氢氧化钠溶液滴定盐酸

（1）将碱式滴定管用 0.1mol·L^{-1} 氢氧化钠溶液润洗、装管、排气泡、调好零点待用。

（2）用移液管准确移取 0.1mol·L^{-1} 盐酸溶液 25.00mL 于锥形瓶中，加 2 滴酚酞指示剂，溶液为无色。

（3）用氢氧化钠溶液滴定至溶液呈现出微红色并在 30s 内不褪色为止。记下所用的 0.1mol·L^{-1} 氢氧化钠溶液的体积。平行测定 3 次。

2. 用盐酸溶液滴定氢氧化钠

（1）将酸式滴定管用 0.1mol·L^{-1} 盐酸溶液润洗、装管、排气泡、调好零点待用。

（2）用吸量管准确移取 10.00mL 氢氧化钠溶液于锥形瓶中，加 1 滴甲基橙指示剂，溶液为黄色。

（3）用盐酸溶液滴定至溶液呈浅橙色，记下所用 0.1mol·L^{-1} 盐酸溶液的体积。平行测定 3 次。

【数据记录】

1. 氢氧化钠滴定盐酸

滴定次数	第一次	第二次	第三次
$V(\text{HCl})$/mL			
氢氧化钠初读数/mL			
氢氧化钠终读数/mL			
$V(\text{NaOH})$/mL			
$V(\text{NaOH})$平均值/mL			

2. 盐酸滴定氢氧化钠

滴定次数	第一次	第二次	第三次
$V(\text{NaOH})$/mL			
盐酸溶液初读数/mL			
盐酸溶液终读数/mL			
$V(\text{HCl})$/mL			
$V(\text{HCl})$平均值/mL			

【思考题】

1. 滴定用的锥形瓶是否需要干燥，是否需要用待测溶液润洗几次以除去其水分？

2. 滴定管和移液管在使用前应如何处理？为什么？

3. 移液时，残留在移液管口的少量溶液，是否应当吹出去？

4. 在对滴定管进行读数时，如果视线高于或低于弯月面，所读数值与实际的相比有何不同？

实验七　盐酸标准溶液的标定

【实验目的】

1. 掌握差减称量法称取基准物质的方法。
2. 掌握滴定操作基本技术。
3. 学会用硼砂标定盐酸溶液的方法。

【实验原理】

标定盐酸标准溶液的准确浓度，常用的基准物质有硼砂（$Na_2B_4O_7 \cdot 10H_2O$）或无水碳酸钠。采用硼砂比较容易提纯，不易吸湿，性质比较稳定，而且摩尔质量很大，可以减少称量误差。硼砂与盐酸的反应为：

$$Na_2B_4O_7 \cdot 10H_2O + 2HCl =\!\!=\!\!= 4H_3BO_3 + 2NaCl + 5H_2O$$

在化学计量点时，生成的硼砂是弱酸，溶液的 pH 为 5.27，可选用甲基红作指示剂，溶液由黄色变为浅橙色即为终点。根据所称取硼砂的质量和滴定所消耗盐酸溶液的体积，可以求出盐酸溶液的准确浓度，计算式为：

$$c(\text{HCl}) = \frac{2 \times m(Na_2B_4O_7 \cdot 10H_2O) \times 1000}{M(Na_2B_4O_7 \cdot 10H_2O) \times V(\text{HCl})}$$

式中　　$c(\text{HCl})$——HCl 标准滴定溶液的浓度，$mol \cdot L^{-1}$；

$V(\text{HCl})$——滴定时消耗 HCl 标准滴定溶液的体积，mL；

$m(Na_2B_4O_7 \cdot 10H_2O)$——$Na_2B_4O_7$ 基准物质的质量，g；

$M(Na_2B_4O_7 \cdot 10H_2O)$——$Na_2B_4O_7$ 基准物质的摩尔质量，g/mol；

【实验用品】

仪器：分析天平、称量瓶、50mL 酸式滴定管、250mL 锥形瓶 3 个、烧杯、洗瓶。

试剂：$0.1mol \cdot L^{-1}$ HCl 溶液、硼砂（分析纯）、甲基红指示剂。

【实验内容与步骤】

在分析天平上用差减法称取 0.3～0.4g（准确至 0.0001g）硼砂试样三份，分别放在250mL 锥形瓶内，加蒸馏水 20mL，微热溶解，冷却后，滴入 2 滴甲基红指示剂，然后用$0.1mol \cdot L^{-1}$ 盐酸溶液滴定至溶液由黄色变为浅橙色，即为终点，记录数据。由硼砂的质量及实际消耗的盐酸体积，计算 HCl 溶液的浓度和测定结果的相对偏差。

【数据记录】

测定次数	第一次	第二次	第三次
硼砂质量/g			
HCl 溶液初读数/mL			
HCl 溶液终读数/mL			
$V(\text{HCl})$/mL			
$c(\text{HCl})$/mol·L^{-1}			
$c(\text{HCl})$平均值/mol·L^{-1}			
相对平均偏差			

【思考题】

1. 称入硼砂的锥形瓶内壁是否必须干燥？为什么？

2. 溶解硼砂时，所加水的体积是否需要准确？为什么？

3. 为什么盐酸标准溶液不用直接配制法而要用标定法？

实验八　氢氧化钠标准溶液的标定

【实验目的】

1. 掌握差减称量法称取基准物质的方法。
2. 掌握滴定操作基本技术。
3. 学会用邻苯二甲酸氢钾标定氢氧化钠溶液的方法。

【实验原理】

市售氢氧化钠容易潮解，不能用直接法进行配制，其浓度的确定也可以用基准物质来标定。常用来标定氢氧化钠溶液浓度的基准物质有邻苯二甲酸氢钾和草酸等。本实验采用邻苯二甲酸氢钾作为基准物质对氢氧化钠溶液进行标定，它与氢氧化钠的反应为：

$$KHC_8H_4O_4 + NaOH = KNaC_8H_4O_4 + H_2O$$

在化学计量点时，溶液的组成为 $KNaC_8H_4O_4$，pH=9.1，呈弱碱性，可用酚酞作指示剂，滴定至溶液呈微红色，且 30s 内不褪色即为终点。按下式计算出氢氧化钠溶液的准确浓度：

$$c(NaOH) = \frac{m(KHC_8H_4O_4) \times (25.00 / 250.0) \times 1000}{M(KHC_8H_4O_4) \times V(NaOH)}$$

式中　$c(NaOH)$——NaOH 标准滴定溶液的浓度，$mol \cdot L^{-1}$；

　　　$V(NaOH)$——滴定时消耗 NaOH 标准滴定溶液的体积，mL；

　　　$m(KHC_8H_4O_4)$——邻苯二甲酸氢钾基准物质的质量，g；

　　　$M(KHC_8H_4O_4)$——邻苯二甲酸氢钾基准物质的摩尔质量，g/mol。

【实验用品】

仪器：分析天平、称量瓶，50 mL 碱式滴定管、250 mL 锥形瓶、250 mL 容量瓶、25mL 移液管、烧杯、洗瓶。

试剂：$0.1 mol \cdot L^{-1}$ 氢氧化钠溶液、邻苯二甲酸氢钾（分析纯）、酚酞指示剂。

【实验内容与步骤】

在分析天平上用差减法称取 3～3.5g（准确至 0.0001g）邻苯二甲酸氢钾试样于小烧杯中，用蒸馏水溶解，转移至容量瓶中定容成 250 mL 溶液。用 25mL 移液管准确移取该溶液 3 份，分别置于 250 mL 锥形瓶中，再滴入 2 滴酚酞指示剂，用待标定的氢氧化钠溶液滴定至溶液由无色变为微红色，且在 30 s 内不褪色为止，记录读数。计算 NaOH 溶液的浓度和测定结果的相对偏差。

【数据记录】

测定次数	第一次	第二次	第三次
邻苯二甲酸氢钾质量/g			
NaOH 溶液初读数/mL			
NaOH 溶液终读数/mL			
V(NaOH)/mL			
c(NaOH)/mol·L^{-1}			
c(NaOH)平均值/mol·L^{-1}			
相对平均偏差			

【思考题】

1. 用邻苯二甲酸氢钾标定氢氧化钠溶液时，为什么用酚酞作指示剂而不用甲基红作指示剂？

2. 用邻苯二甲酸氢钾标定氢氧化钠比用草酸有什么好处？

实验九　可溶性氯化物中的氯含量的测定

【实验目的】

1. 掌握银量法中硝酸银标准溶液的标定方法。
2. 熟悉沉淀滴定法的基本操作。
3. 掌握沉淀滴定法对氯离子含量的测定。

【实验原理】

以 K_2CrO_4 作为指示剂，用 $AgNO_3$ 标准溶液在中性或弱碱性溶液中对 Cl^- 进行测定，形成溶解度较小的白色沉淀 $AgCl$ 和溶解度相对较大的砖红色沉淀 Ag_2CrO_4。溶液中首先析出 $AgCl$，至接近反应等当点时，Cl^- 浓度迅速降低，沉淀剩余 Cl^- 所需的 Ag^+ 则不断增加，当增加到生成 Ag_2CrO_4 所需的 Ag^+ 浓度时，则同时析出 $AgCl$ 及 Ag_2CrO_4 沉淀，溶液呈现砖红色，指示到达终点。反应式如下：

等当点前　$Ag^+ + Cl^- = AgCl\downarrow$（白色）（$K_{sp}=1.8\times10^{-10}$）

等当点时　$2Ag^+ + CrO_4^{2-} = Ag_2CrO_4\downarrow$（砖红色）（$K_{sp}=2.0\times10^{-12}$）

【实验用品】

仪器：分析天平、称量瓶、移液管、锥形瓶、容量瓶、烧杯、洗瓶。

试剂：5% K_2CrO_4 溶液、$AgNO_3$（分析纯）、$NaCl$（分析纯）、粗食盐样品（待测试样）。

【实验内容与步骤】

1. 0.1mol·L^{-1} AgNO$_3$ 标准溶液的配制

在分析天平上称取 $AgNO_3$ 4.2～4.3g（准确至 0.0001g），溶于水中，移入 250 mL 容量瓶内，加水至刻度，摇匀，待用。

2. 0.1mol·L^{-1} AgNO$_3$ 标准溶液的标定

准确称取干燥 NaCl 0.10～0.12g（准确至 0.0001g），置于 250 mL 锥形瓶中，加 50 mL 水溶解后，加 1mL 5%的 K_2CrO_4 溶液，充分摇匀。用 0.1mol·L^{-1} 的 $AgNO_3$ 标准溶液滴定至出现稳定的砖红色。平行测定三次。根据下面公式，计算 $AgNO_3$ 溶液的浓度。

$$c(AgNO_3) = \frac{m(NaCl)}{M(NaCl)\times V/1000}$$

式中　m（NaCl）——氯化钠的质量，g；

M（NaCl）——氯化钠的摩尔质量，g/mol；

V——$AgNO_3$ 标准溶液的体积，mL；

3. 待测样品的测定

准确称取 1.5g 粗食盐试样，置于小烧杯中，加水溶解后，转移到 250mL 容量瓶中，加水至刻度，摇匀。用移液管吸取 25mL 该溶液，置于 250 mL 的锥形瓶中，加入 1mL 5% 的 K_2CrO_4 溶液，摇匀。用 $0.01mol \cdot L^{-1}$ 的 $AgNO_3$ 标准溶液滴定至出现稳定的砖红色。记录消耗 $AgNO_3$ 溶液的体积。

【思考题】

1. 在滴定过程中为什么要充分摇匀？

2. 滴定中为什么要控制指示剂 K_2CrO_4 的用量？

实验十　高锰酸钾标准溶液的配制与标定

【实验目的】

1. 学会高锰酸钾标准溶液的配制。
2. 掌握用基准试剂草酸钠标定高锰酸钾的方法。
3. 掌握高锰酸钾自身指示剂滴定终点的确定。

【实验原理】

高锰酸钾法是以氧化剂高锰酸钾为标准溶液的一种氧化还原滴定法，广泛用于许多还原性物质的测定。由于高锰酸钾不稳定，易分解，不易得到很纯的试剂，所以必须用间接法配制标准溶液。

可用于标定高锰酸钾的基准物质有草酸、草酸钠、三氧化二砷、纯铁丝等，其中常用的是 $Na_2C_2O_4$，因为它易于提纯、稳定，没有结晶水，在 $105\sim110℃$ 烘至质量恒定即可使用。本实验采用草酸钠标定浓度近 $0.02mol\cdot L^{-1}$ 的高锰酸钾溶液。反应式为：

$$2MnO_4^- + 5C_2O_4^{2-} + 16H^+ === 2Mn^{2+} + 10CO_2\uparrow + 8H_2O$$

称取一定质量的草酸钠，溶解后，用待标定的高锰酸钾溶液滴定至终点，按下式计算高锰酸钾的准确浓度：

$$c(KMnO_4) = \frac{2 \times m \times 1000}{5 \times M \times V}$$

式中 m——草酸钠的质量，g；

M——草酸钠的摩尔质量，g/mol；

V——消耗高锰酸钾溶液的体积，mL。

【实验用品】

仪器：分析天平、称量瓶、酸式滴定管、移液管、锥形瓶、棕色试剂瓶、容量瓶、烧杯、洗瓶。

试剂：$3mol\cdot L^{-1}$ H_2SO_4 溶液、高锰酸钾（分析纯）、草酸钠（基准试剂）。

【实验内容与步骤】

1. $0.02mol\cdot L^{-1}$ $KMnO_4$ 标准溶液的配制

在托盘天平上称取 1.7g 高锰酸钾，置于小烧杯中，加蒸馏水溶解，煮沸 10min 左右，将清液倒入 500mL 棕色试剂瓶中，继续加水溶解未溶的部分，将其转入瓶中，全部溶解后，加水稀释至 500mL，摇匀。静置 7～10 天后，过滤备用。

2. 0.02mol·L^{-1} KMnO$_4$ 标准溶液的标定

准确称取已经烘干至恒重的分析纯草酸钠 3 份，质量在 0.13～0.15g（准确至 0.0001g），分别置于 250 mL 锥形瓶中，各加入 40 mL 蒸馏水和 10mL 3mol·L^{-1} H$_2$SO$_4$ 溶液，使草酸钠溶解，缓慢加热至 75～85℃（锥形瓶口有蒸汽冒出即可）。用待标定的高锰酸钾进行滴定。开始时滴定速度要慢，滴入第一滴溶液后，不断振荡，待紫红色褪去后再滴第二滴。待溶液中 Mn^{2+} 生成后，反应速度加快。接近终点时，减慢滴定速度，并充分摇匀。最后滴定至微红色并且 30s 内不消失即为终点，记录读数。

【数据记录】

测定次数	第一次	第二次	第三次
Na$_2$C$_2$O$_4$ 质量/g			
KMnO$_4$ 溶液初读数/mL			
KMnO$_4$ 溶液终读数/mL			
V(KMnO$_4$)/mL			
c(KMnO$_4$)/mol·L^{-1}			
c(KMnO$_4$)平均值/mol·L^{-1}			
相对平均偏差			

【思考题】

1. 用草酸钠标定高锰酸钾溶液时，为什么要加硫酸？

2. 滴定高锰酸钾标准溶液时，为什么高锰酸钾加入第一滴时红色褪去很慢，过后褪色较快？

3. 为什么要加热？溶液温度过高或过低有什么影响？

实验十一　EDTA 标准溶液的配制与标定

【实验目的】

1. 学会 EDTA 标准溶液的配制方法；
2. 掌握 EDTA 标定的原理和方法；
3. 掌握铬黑 T 指示剂的应用。

【实验原理】

EDTA 标准溶液常采用间接法配制，由于 EDTA 与金属形成 1∶1 配合物，因此标定 EDTA 溶液常用的基准物是一些金属以及它们的氧化物和盐，如：Zn、ZnO、$CaCO_3$、Bi、Cu、$MgSO_4 \cdot 7H_2O$、Ni、Pb、$ZnSO_4 \cdot 7H_2O$ 等。

为了减小系统误差，本实验选用 $CaCO_3$ 为基准物，在 pH=10 的 $NH_3 \cdot H_2O$–NH_4Cl 缓冲溶液中，以铬黑 T 为指示剂，进行标定（标定条件与测定条件一致）。用待标定的 EDTA 溶液滴至溶液由紫红色变为纯蓝色即为终点。

$$c\left(\text{EDTA}\right) = \frac{m \times \dfrac{25}{250} \times 1000}{\left(V_1 - V_0\right)M}$$

式中 m——碳酸钙的质量，g；

V_1——消耗乙二胺四乙酸二钠溶液的体积，mL；

V_0——空白实验乙二胺四乙酸二钠溶液的体积，mL；

M——碳酸钙摩尔质量，100g/mol。

【实验用品】

仪器：分析天平、称量瓶、酸式滴定管、移液管、锥形瓶、细口瓶、烧杯、洗瓶、表面皿、酒精灯。

试剂：EDTA 二钠盐（分析纯）、$CaCO_3$（分析纯）、10%氨水、铬黑 T 指示剂、$NH_3 \cdot H_2O$–NH_4Cl 缓冲溶液（pH=10）。

【实验内容与步骤】

1. $0.01\text{mol} \cdot \text{L}^{-1}$ EDTA 标准溶液的配制

称取乙二胺四乙酸二钠 0.95g，溶于 150～200mL 温水中，必要时过滤，冷却后，用蒸馏水稀释至 250mL，摇匀，转移到细口瓶中，备用。

2. EDTA 标准溶液的标定

准确称取 $CaCO_3$ 基准物 0.25g，置于 100mL 烧杯中，用少量水先润湿，盖上表面皿，慢慢滴加 1：1 HCl 5mL，待其全部溶解后，加去离子水 50 mL，微沸数分钟以除去 CO_2，冷却后用少量水冲洗表面皿及烧杯内壁，定量转移入 250 mL 容量瓶中，用水稀释至刻度，摇匀。移取 25.00mL Ca^{2+} 标准溶液于 250 mL 锥形瓶中（加 1 滴甲基红，用氨水中和至溶液由红变黄，氨性缓冲溶液若缓冲容量够，此步可省略），加入 20 mL 水和 5mL Mg^{2+}-EDTA 溶液，再加入 10 mL 氨性缓冲溶液，3 滴铬黑 T 指示剂，立即用待标定的 EDTA 溶液滴定至溶液由紫红色（酒红色）变为纯蓝色（紫蓝色），即为终点，记录读数。

【数据记录】

测定次数	第一次	第二次	第三次
$CaCO_3$ 质量/g			
EDTA 溶液初读数/mL			
EDTA 溶液终读数/mL			
V(EDTA)/mL			
c(EDTA)/mol·L^{-1}			
c(EDTA)平均值/mol·L^{-1}			
相对平均偏差			

【思考题】

1. 为什么不用乙二胺四乙酸而要用其二钠盐配制 EDTA 标准溶液？

2. 加入 $NH_3 \cdot H_2O$–NH_4Cl 缓冲溶液有何作用？

3. 铬黑 T 适用的 pH 范围是多少？

实验十二　水总硬度的测定（EDTA 法）

【实验目的】

1. 了解水硬度常用的表示方法。
2. 掌握配位滴定法中的直接滴定法，学会用配位滴定法测定水的总硬度。
3. 掌握铬黑 T 指示剂、钙指示剂的使用条件和终点颜色变化。

【实验原理】

水的硬度主要由于水中含有钙盐和镁盐，其他金属离子如铁、铝、锰、锌等离子也形成硬度，但一般含量很少。故通常以 Ca^{2+}、Mg^{2+} 总量来表示水的总硬度。各国对水硬度表示的方法尚未统一，我国生活饮用水卫生标准中规定硬度（以 $CaCO_3$ 计）不得超过 450mg/L。除了生活饮用水，我国目前水硬度表示方法是用 $mmol \cdot L^{-1}$（$CaCO_3$）表示。

测定水的硬度常采用配位滴定法，用乙二胺四乙酸二钠盐（EDTA）的标准溶液滴定水中 Ca^{2+}、Mg^{2+} 总量，然后换算为相应的硬度单位，我国采用 $mmol \cdot L^{-1}$ 或 mg/L（$CaCO_3$）为单位表示水的硬度。

测定水的总硬度：在 pH=10 的 $NH_3 \cdot H_2O$–NH_4Cl 缓冲溶液中，以铬黑 T（EBT）为指示剂，用 EDTA 标准溶液滴定至溶液由紫红色变为纯蓝色即为终点。若水样中存在 Fe^{3+}，Al^{3+} 等微量杂质，可用三乙醇胺进行掩蔽，Cu^{2+}、Pb^{2+}、Zn^{2+} 等重金属离子可用 Na_2S 或 KCN 掩蔽。

Ca^{2+} 含量的测定：用 NaOH 溶液调节 pH=12～13（此时，氢氧化镁沉淀），用钙指示剂进行测定，溶液中的部分 Ca^{2+} 立即与之反应生成红色配合物，随着 EDTA 的不断加入，溶液中的 Ca^{2+} 逐渐被滴定，当溶液由红色变为蓝色时，到达滴定终点。根据消耗 EDTA 的体积可计算 Ca^{2+} 含量。Mg^{2+} 含量可由总硬度减去钙硬度求出。

水总硬度的计算公式：

$$总硬度（°）= \frac{c_{EDTA} \times V_1 \times M_{CaO} \times 1000}{50.00 \times 10}$$

$$钙含量 \rho（mg/L）= \frac{c_{EDTA} \times V_2 \times M_{Ca} \times 1000}{50.00}$$

$$镁含量 \rho（mg/L）= \frac{c_{EDTA} \times (V_1 - V_2) \times M_{Mg} \times 1000}{50.00}$$

【实验用品】

仪器：酸式滴定管、移液管、锥形瓶、烧杯、洗瓶。

试剂：EDTA 标准溶液、10% NaOH 溶液、铬黑 T（EBT）指示剂、钙指示剂、$NH_3 \cdot H_2O-NH_4Cl$ 缓冲溶液（pH=10）。

【实验内容与步骤】

1. 钙、镁离子总量测定

移取水样 50.00 mL 于 250 mL 锥形瓶中，加入 5mL $NH_3 \cdot H_2O-NH_4Cl$ 缓冲溶液，再加少许（约 0.1g）滴铬黑 T（EBT）指示剂，用 EDTA 标准溶液滴定至溶液由紫红色变为纯蓝色，即为终点（注意接近终点时应慢滴多摇）。记录 EDTA 用量 V_1，平行测定三次。

2. 钙离子含量的测定

另移取水样 50.00 mL 于 250mL 锥形瓶中，加入 10% NaOH 溶液 5mL 摇匀，加少许（约 0.1g）钙指示剂，用 EDTA 标准溶液滴定至溶液由酒红色变为纯蓝色，即为终点。记录 EDTA 用量 V_2，平行测定三次。

3. 镁离子含量的测定

钙、镁离子总量减去钙离子含量，即可求得镁离子含量。

【数据记录】

1. 钙、镁离子总量的测定

测定次数	第一次	第二次	第三次
水样的体积/mL			
EDTA 溶液初读数/mL			
EDTA 溶液终读数/mL			
V(EDTA)/mL			
c(EDTA)/mol·L^{-1}			
c(EDTA)平均值/mol·L^{-1}			
总硬度/(°)			
总硬度平均值/(°)			
相对平均偏差			

2. 钙离子含量的测定

测定次数	第一次	第二次	第三次
水样的体积/mL			
EDTA 溶液初读数/mL			
EDTA 溶液终读数/mL			
V(EDTA)/mL			
c(EDTA)/mol·L−1			
c(EDTA)平均值/mol·L−1			
钙离子含量(mg·mL−1)			
钙离子平均含量(mg·mL−1)			
相对平均偏差			

【思考题】

1. 为什么滴定 Ca^{2+}、Mg^{2+} 总量时要控制溶液 pH=10？Ca^{2+} 测定中，加入 NaOH 的作用是什么？

2. 水样中如有 Fe^{3+}，Al^{3+} 等微量杂质，会影响测定结果吗？应如何消除？

实验十三　吸收曲线的绘制

【实验目的】

1. 掌握紫外可见分光光度计的操作技术。
2. 学会绘制有色溶液的吸收曲线。
3. 根据吸收曲线确定最大吸收波长。

【实验原理】

有色溶液对不同波长的光的吸收能力不同，将不同波长的单色光，分别通过厚度一定、浓度不变的有色溶液，测定有色溶液在每一波长下相应的吸光度。以波长（λ）为横坐标，以吸光度（A）为纵坐标，用描点法作图即得吸收曲线。曲线上凸起的部分即为吸收峰，吸收峰最高处对应的波长就是此有色溶液的最大吸收波长。

【实验用品】

仪器：紫外可见分光光度计，擦镜纸，烧杯，洗瓶。

试剂：0.083mg / mL $KMnO_4$ 溶液，蒸馏水。

【实验内容与步骤】

接通分光光度计电源，打开开关，预热 20 min 左右。取两只比色皿，一只装入蒸馏水作参比溶液，另一只装入 $KMnO_4$ 溶液，用擦镜纸小心拭去比色皿上的水珠。将装入蒸馏水的比色皿放入样品室的第一格，装入 $KMnO_4$ 溶液的比色皿放入样品室的第二格，并且将比色皿光面紧贴出光口。在 460～580 nm，每隔 20 nm 测一次吸光度，在最大吸收峰附近，每隔 5nm 测量一次吸光度。测定完毕，关掉电源，取出比色皿，倒掉溶液，把比色皿用蒸馏水洗干净，倒置于滤纸上晾干，收于比色皿盒中。

在坐标纸上，以波长 λ 为横坐标，吸光度 A 为纵坐标，绘制 A 与 λ 关系的吸收曲线，并找出其最大吸收波长。

【数据记录】

波长 λ/nm	460	480	500	520	540	560	580
吸光度 A							

实验十四　　高锰酸钾的比色测定

【实验目的】

1. 掌握紫外可见分光光度计的操作技术。
2. 学会标准曲线（工作曲线）的绘制。
3. 学会用工作曲线法测定未知物浓度。

【实验原理】

配制一系列标准有色溶液，选用最大吸收波长的单色光，在分光光度计上分别测定其吸光度 A。然后以浓度作为横坐标，吸光度作为纵坐标，得到一条通过原点的直线，称为标准曲线或工作曲线。

【实验用品】

仪器：紫外可见分光光度计、擦镜纸、吸量管、比色管、烧杯、洗瓶。

试剂：0.125 mg/mL $KMnO_4$ 溶液，蒸馏水。

【实验内容与步骤】

1、标准系列的配制：

取 5 支 25ml 的比色管，用吸量管分别依次加入 $KMnO4$（0.0125mg/ml）溶液 1.00ml、2.00ml、3.00ml、4.00ml、5.00ml，用蒸馏水稀释至 25ml 标线处，摇匀。

所得标准系列的浓度依次为每毫升含 $KMnO4$：5 μg、10 μg、15 μg、20μg、25 μg。

2、样品液的配制：

在第 6 支比色管中，用吸量管准确加入 5.00ml 样品液，用蒸馏水稀释至 25ml 标线处，摇匀。

3、测定：用紫外分光光度计分别测出各比色管中溶液的吸光度。

4、绘制标准曲线：以浓度为横坐标，吸光度为纵坐标，绘制标准曲线，从标准曲线上查出样品液吸光度相对应的浓度即为样品比色液的浓度。

5、计算 ρ 原样=样品比色液的浓度×样品稀释倍数

【数据记录】

浓度 ρ（μg/mL）	5	10	15	20	25
吸光度 A					

实验十五　磷的定量测定

【实验目的】

1. 掌握钼蓝法测定磷含量的方法。
2. 学会分光光度法工作曲线的绘制。

【实验原理】

微量磷的测定常采用钼蓝法。测定时，先将磷酸盐在酸性溶液中与钼酸铵作用，生成黄色钼磷酸。

$$PO_4^{3-} + 12MoO_4^{2-} + 27H^+ \Longrightarrow H_3P(Mo_3O_{10})_4（钼磷酸）+12H_2O$$

该黄色化合物用 $SnCl_2$ 还原，可生成磷钼蓝，溶液呈蓝色。蓝色的深浅与磷的含量成正比。磷的含量为 0.05～2.0μg / mL 时，服从朗伯-比尔定律，磷钼蓝的最大吸收波长为 690nm，可在此波长下测定溶液的吸光度。

【实验用品】

仪器：紫外可见分光光度计、擦镜纸、吸量管、比色管、烧杯、洗瓶。

试剂：5μg / mL PO_4^{3-} 标准溶液、$SnCl_2^-$甘油溶液（溶解 2.5g $SnCl_2$ 于 100mL 甘油中）、钼酸铵-硫酸混合液（溶解 2.5g 钼酸铵于 100mL 5mol·L^{-1} 硫酸中）、含磷试液。

【实验内容与步骤】

1. 工作曲线的绘制

取 6 支 25mL 比色管，洗净编号。用吸量管分别吸取 5μg / mL PO_4^{3-}标准溶液 0.00mL、2.00mL、4.00mL、6.00mL、8.00mL、10.00mL 于已编号的比色管中。分别加 5mL 蒸馏水，各加入 1.5mL 钼酸铵-硫酸混合液，摇匀，再分别加入 $SnCl_2^-$甘油溶液 2 滴后摇匀，用蒸馏水定容至 25.00mL，充分摇匀，静置 10min。按编号顺序，从空白溶液开始，依次将溶液装入已用待测溶液润洗过的比色皿中，在分光光度计上测试。测出各比色管中标准溶液的吸光度。

在坐标纸上，以 PO_4^{3-}的浓度（μg / mL）为横坐标，吸光度 A 为纵坐标，绘制浓度与吸光度关系的工作曲线。

2. 试液中含磷量的测定

用吸量管吸取试样溶液 10.00mL 于 25mL 比色管中，在与标准溶液相同的条件下显色定容，并测定其吸光度。从工作曲线上查出相应磷的含量，并计算试样溶液中磷的含量（μg / mL）。

【数据记录】

溶液编号	1	2	3	4	5	6	7（试液）
磷含量/$\mu g \cdot mL^-$	0.0	0.2	0.4	0.6	0.8	1.0	
吸光度 A							

【思考题】

1. 配制钼酸铵时为什么要加硫酸？
2. 加入 $SnCl_2$ 的作用是什么？

实验十六　醇、酚的性质检验

【实验目的】

1．了解醇的主要化学性质，掌握一元醇与多元醇的检验方法；

2．了解苯酚的性质并掌握其检验方法。

【实验用品】

仪器：试管、试管架、铁圈、石棉网、表面皿、酒精灯、烧杯。

试剂：无水乙醇、金属钠、异丙醇、叔丁醇、1% $K_2Cr_2O_7$ 酸性溶液、0.5% $CuSO_4$、5% NaOH、10% NaOH、甘油、苯酚晶体、2%苯酚、饱和溴水、5% $FeCl_3$。

【实验内容及步骤】

1．醇与活泼金属的反应

取一支干燥试管，加入约 2mL 无水乙醇，用镊子放入一块绿豆大的金属钠，观察反应现象。反应结束后，将反应液倒在表面皿里，放在石棉网上用微火加热，待多余的酒精蒸发后，即可观察到乙醇钠的结晶。

2．醇的氧化

取三支试管，分别加入乙醇、异丙醇、叔丁醇 1mL，再各滴入几滴 1% $K_2Cr_2O_7$ 酸性溶液，置于热水浴中，观察现象。

3．甘油的检验

取一支试管，加入 0.5%的 $CuSO_4$ 溶液 3mL，再滴加 5%的 NaOH 溶液，振荡生成蓝色的 $Cu(OH)_2$ 沉淀。静置后倾去上层清液，再加入 1mL 蒸馏水制成稍呈碱性的悬浊液。将新制取的 $Cu(OH)_2$ 悬浊液分成两份，分别加入乙醇和甘油各 5mL，振荡，观察发生的现象。

4．苯酚的溶解性和弱酸性

在试管中加入少量苯酚晶体，再加入 5mL 蒸馏水，用力振荡后得到乳浊液。加热试管，观察试管里液体变化的现象。让试管冷却，再观察试管里液体变化的现象。向苯酚和水的混合物中滴加 10% NaOH 溶液，边加边振荡试管，观察发生的现象。在上述溶液中加入少量稀盐酸，观察发生的现象。

5．苯酚和溴水的反应

在试管中加入 1~2mL 饱和溴水，滴入几滴 2%的苯酚溶液，观察反应现象。

6．苯酚的显色反应

取 1 支试管，加入 2mL 2%的苯酚溶液，再滴加 5%的 $FeCl_3$ 溶液 2 滴，观察发生的现象。

【思考题】

1. 乙醇与金属钠的反应为什么要用无水乙醇？
2. 为什么醇不能和碱反应，而酚可以和碱反应？

实验十七　醛、酮、羧酸的性质检验

【实验目标】

1. 了解醛、酮的性质，学会鉴别醛与酮。
2. 了解羧酸的性质，掌握草酸的检验方法。

【实验用品】

仪器：试管、试管架、烧杯、水浴箱（或铁架台、酒精灯、石棉网）。

试剂：甲醛、乙醛、丙酮、5% $KMnO_4$ 酸性溶液、5% $AgNO_3$、2% $NH_3 \cdot H_2O$、斐林试剂 A、B 液、3% 甲酸、3% 乙酸、3% 草酸、10% $CaCl_2$、1mol·L^{-1} 草酸、冰醋酸、异戊醇、浓 H_2SO_4、饱和食盐水。

【实验内容及步骤】

1. 醛、酮跟强氧化剂的反应

在 2 支试管中，各加入 1mL 甲醛、丙酮溶液。再分别滴加几滴 5% $KMnO_4$ 酸性溶液，振荡后观察现象。

2. 银镜反应

在 1 支洁净的试管中，加入 3mL 5% 的 $AgNO_3$ 溶液，再逐滴滴入 2% $NH_3 \cdot H_2O$，直到最初生成的沉淀恰好溶解为止，得到托伦试剂。将上述溶液分装在 3 支洁净的试管中，分别各加入几滴甲醛、乙醛、丙酮溶液，振荡后将 3 支试管放在热水浴中加热，观察现象。

3. 斐林反应

取斐林试剂 A 液、B 液各 3mL，混合均匀后分装在三支试管中，然后分别向三支试管里各滴入几滴甲醛、乙醛、丙酮溶液，振荡后放在沸水浴中加热，观察现象。

4. 羧酸的酸性比较

取一条刚果红试纸，在试纸的不同部分分别滴一滴 3%甲酸、3%乙酸、3%草酸，观察颜色由深到浅的顺序。

5. 草酸的检验

取 1 支试管，加入几滴 1mol·L^{-1} 的草酸溶液，然后滴入 10%的 $CaCl_2$ 溶液，观察现象。

6. 多元酸的脱羧反应

取 1 支干燥试管，加入草酸晶体约 3g。小心加热试管，用导管将产生的气体通入澄清的石灰水中，观察石灰水的变化。移去盛石灰水的烧杯，停止加热。

7. 酯化反应

取冰醋酸和异戊醇各 1mL 于 1 支试管中，混合均匀，加入 0.5mL 浓 H_2SO_4 并振荡。放到热水浴中加热 10min 左右，将试管浸入冷水中冷却，然后加入 1mL 饱和食盐水，记录闻到的气味。

【思考题】

做银镜反应实验时，氨水是否可以加过量？为什么？

实验十八　葡萄糖和蛋白质的性质检验

【实验目的】

1. 验证葡萄糖的主要化学性质。

2. 验证蛋白质的重要化学性质。

3. 掌握蛋白质的鉴定方法。

【实验用品】

仪器：试管、试管架、试管夹、水浴锅、胶头滴管、10mL 量筒、pH 试纸。

试剂：5%葡萄糖溶液、新制的碱性氢氧化铜溶液、5%硝酸银溶液、2%的氨水溶液、蛋白质溶液、饱和硫酸铜溶液、饱和硫酸铵溶液、饱和硝酸银溶液、茚三酮试剂、10%氢氧化钠溶液、1%硫酸铜溶液、40%氢氧化钠溶液、浓硝酸。

【实验内容及步骤】

（一）碳水化合物的还原性检验

1. 与新制的碱性氢氧化铜反应

取 4 支干净的试管，分别向其中加入 5%的葡萄糖溶液、5%的麦芽糖溶液、5%的蔗糖溶液、1%的淀粉溶液，然后分别向其中加入新制的碱性氢氧化铜溶液 2mL，振荡后置于水浴中加热，观察各试管中的现象。

2. 银镜反应

取 4 支干净的试管，分别向其中加入 3～5mL 5%硝酸银溶液，然后分别向其中逐滴加入 2%的氨水溶液至最初产生的棕褐色沉淀恰好溶解为止。再分别加入葡萄糖、麦芽糖、蔗糖和淀粉溶液各 5 滴，最后将试管置于 60℃的水浴中加热数分钟，观察试管中溶液有什么变化。

（二）蛋白质的性质检验

1. 蛋白质的盐析（可逆沉淀）

取 1 支干净的试管，向其中加入 2mL 蛋白质溶液，再向其中加入 2mL 饱和硫酸铵溶液，观察试管中溶液的现象。然后取混合液 1mL，向其中加入 2～3mL 蒸馏水，振荡并观察试管中溶液的变化。

2. 蛋白质的不可逆沉淀

（1）重金属盐沉淀。取 2 支干净的试管，分别向其中加入 1mL 蛋白质溶液，再分别加入 2～3 滴饱和硫酸铜溶液、饱和硝酸银溶液，观察现象。

（2）加热沉淀。取 1 支干净的试管，向其中加入 2mL 蛋白质溶液，在沸水浴中加热 10min 左右，观察现象。

3. 蛋白质的颜色反应

（1）茚三酮反应。取 1 支干净的试管，向其中加入 1mL 蛋白质溶液，然后向其中加入 2～3 滴茚三酮试剂，在沸水中加热 15min 左右，观察现象。

（2）双缩脲反应。取 1 支干净的试管，向其中加入 1mL 蛋白质溶液，然后向其中加入 1mL 10%氢氧化钠溶液和 2～3 滴 1%的硫酸铜溶液，观察现象。

（3）黄蛋白反应。取 1 支干净的试管，向其中加入 2mL 蛋白质溶液，再向其中加入 1mL 浓硝酸，摇匀，观察现象。然后在沸水中加热，观察沉淀的颜色变化。待冷却后，逐滴加入 40%氢氧化钠溶液至碱性，观察溶液有何变化。

【思考题】

蛋白质的变性和沉淀有何区别？

附录 A 国际单位制（SI）的基本单位

附表 A 国际单位制（SI）的基本单位

量的名称	常用符号	单位名称	单位符号
长度	L	米	m
质量	m	千克	kg
时间	t	秒	s
电流	I	安（安倍）	A
热力学温度	T	开（开尔文）	K
物质的量	n	摩（摩尔）	mol
发光强度	IV	坎（德拉）	cd

附录 B 我国化学药品等级的划分

附表 B 我国化学药品等级的划分

等级	名称	符号	适用范围	标签标志
一级试剂	优级纯（保证试剂）	GR	纯度很高，使用于精密分析工作和科学研究	绿色
二级试剂	分析纯（分析试剂）	AR	纯度比一级纯略低，适用于一般定性定量分析工作和科学研究	红色
三级试剂	化学纯	CP	纯度比二级差一点，适用于一般定性分析工作	蓝色
四级试剂	实验试剂 医用生物试剂	LR	纯度较低，适用于实验辅助试剂及一般化学准备	棕色或其他颜色 黄色或其他颜色

附录 C　一定 PH 溶液的配制

附表 C　一定 PH 溶液的配制

pH	配制方法
1.0	$0.1 mol \cdot L^{-1}$ HCl 溶液
2.0	$0.01 mol \cdot L^{-1}$ HCl 溶液
3.6	$NaAc \cdot 3H_2O$ 8g，溶于适量水中，加入 $6 mol \cdot L^{-1}$ HAc 134mL，稀释至 500 mL
4.0	$NaAc \cdot 3H_2O$ 20 g，溶于适量水中，加入 $6 mol \cdot L^{-1}$ HAc 134mL，稀释至 500 mL
4.5	$NaAc \cdot 3H_2O$ 32g，溶于适量水中，加入 $6 mol \cdot L^{-1}$ HAc 68mL，稀释至 500 mL
5.0	$NaAc \cdot 3H_2O$ 50 g，溶于适量水中，加入 $6 mol \cdot L^{-1}$ HAc 34mL，稀释至 500 mL
5.7	$NaAc \cdot 3H_2O$ 100 g，溶于适量水中，加入 $6 mol \cdot L^{-1}$ HAc 13mL，稀释至 500 mL
6.5	KH_2PO_4 0.68g，加入 $0.1 mol \cdot L^{-1}$ NaOH 溶液 15.2mL，稀释至 100 mL
7.0	KH_2PO_4 0.68g，加入 $0.1 mol \cdot L^{-1}$ NaOH 溶液 29.1mL，稀释至 100 mL
7.8	NaH_2PO_4 35.9g，加水稀释至 500mL

附录 D　常见指示剂及特殊溶液的配制方法

附表 D　常见指示剂及特殊溶液的配制方法

试剂	配制方法
甲基橙溶液	溶解 1g 甲基橙于 1L 水中，并进行过滤
酚酞	溶解 1g 酚酞于 90mL 酒精与 10mL 水的混合溶液中
甲基红	溶解 0.1g 甲基红于 60mL 酒精中，加水稀释至 100mL
石蕊	0.2g 石蕊溶于 100mL 乙醇中
铬黑 T	铬黑 T 与固体无水 Na_2SO_4 以质量比 1∶100 混合研磨均匀，放入干燥的棕色瓶中，保存于干燥器内
钙指示剂	钙指示剂与固体无水 Na_2SO_4 以质量比 2∶100 混合研磨均匀，放入干燥的棕色瓶中，保存于干燥器内
钼酸铵试剂	5g $(NH_4)_2MoO_4$，加入 5mL 浓硝酸，加水至 100mL
卢卡斯试剂	溶解 34g 融化过的氯化锌于 27g（约 23mL）浓盐酸中，且在冷水浴中不断搅拌，以防氯化氢逸出
斐林试剂	斐林试剂分为 A 和 B 两部分，两种溶液分别储藏，使用时等量混合。A：20g 硫酸铜晶体溶于适量水中，稀释至 500mL；B：100g 酒石酸钾钠晶体、75g 氢氧化钠固体溶于水中，配制成 500mL
水合茚三酮试剂	溶解 0.1g 水合茚三酮于 50mL 水中，最好现配现用

附录 E　常用化合物化学式及相对分子质量

附表 E　常用化合物化学式及相对分子质量

化学式	相对分子质量	化学式	相对分子质量
$AgCl$	143.22	HNO_3	63.01
AgI	234.77	H_2CO_3	62.03
$AgNO_3$	169.87	H_3PO_4	98.00
$BaCl_2$	208.24	H_2S	34.08
$BaCl_2 \cdot 2H_2O$	244.27	HF	20.01
BaO	153.33	FeO	71.58
$BaCO_3$	197.34	Fe_2O_3	159.69
$Ba(OH)_2$	171.34	$Fe(OH)_3$	106.87
$BaSO_4$	233.39	$FeSO_4$	151.90
BaC_2O_4	225.35	HCl	36.46
CaO	56.08	H_2SO_4	98.07
$CaCO_3$	100.09	KCl	74.55
$CaCl_2$	110.99	$KClO_3$	122.55
$CaCl_2 \cdot H_2O$	129.00	KCN	65.12
$CaCl_2 \cdot 6H_2O$	219.08	$CuSO_4 \cdot 5H_2O$	249.68
CaF_2	78.08	$HCOOH$	46.03
$Ca(OH)_2$	74.09	KOH	56.11
$Ca_3(PO_4)_2$	310.18	K_2SO_4	174.26
CO_2	44.01	KNO_3	101.10
CuO	79.55	$MgCl_2$	95.21
$CuSO_4$	159.60	$Mg(OH)_2$	58.32
Al_2O_3	101.96	$MgSO_4 \cdot 7H_2O$	246.47
$Al(OH)_3$	78.00	Na_2CO_3	105.99
$Al_2(SO_4)_3$	342.14	$Na_2C_2O_4$	134.00
$H_2C_2O_4$	90.04	$NaCl$	58.44
H_2O	18.02	$NH_3 \cdot H_2O$	35.05
H_2O_2	34.02	$KMnO_4$	158.03

参 考 文 献

1. 李锡霞. 分析化学[M]. 北京：人民卫生出版社，2002.

2. 徐英岚. 无机与分析化学（第三版）[M]. 北京：中国农业出版社，2012.

3. 赵国虎、许辉. 分析化学[M]. 北京：中国农业出版社，2007.

4. 张凤、王耀勇、余德润. 无机与分析化学[M]. 北京：中国农业出版社，2010.

5. 王秀敏. 应用化学[M]. 北京：化学工业出版社，2010.

6. 李炳诗、张学红. 基础化学[M]. 武汉：华中科技大学出版社，2010.

7. 高红武、周清、张云梅. 应用化学[M]. 北京：中国环境科学出版社，2007.

8. 赵红霞、韩丽艳. 应用化学基础[M]. 北京：高等教育出版社，2010.

9. 张坐省. 有机化学[M]. 北京：中国农业出版社，2012.

10. 林辉. 有机化学习题集[M]. 北京：中国中医药出版社，2016.

11. 李清秀、张霁. 生物化学[M]. 北京：中国农业出版社，2013.

反侵权盗版声明

　　电子工业出版社依法对本作品享有专有出版权。任何未经权利人书面许可，复制、销售或通过信息网络传播本作品的行为；歪曲、篡改、剽窃本作品的行为，均违反《中华人民共和国著作权法》，其行为人应承担相应的民事责任和行政责任，构成犯罪的，将被依法追究刑事责任。

　　为了维护市场秩序，保护权利人的合法权益，我社将依法查处和打击侵权盗版的单位和个人。欢迎社会各界人士积极举报侵权盗版行为，本社将奖励举报有功人员，并保证举报人的信息不被泄露。

举报电话：（010）88254396；（010）88258888

传　　真：（010）88254397

E-mail：　dbqq@phei.com.cn

通信地址：北京市万寿路南口金家村 288 号华信大厦

　　　　　电子工业出版社总编办公室

邮　　编：100036